高等学校教材

有机化学实验

周忠强　主编

化学工业出版社

·北京·

本书是根据化学、应用化学、化工、材料及相关专业教学大纲中有机化学课程实验要求，在有机化学实验小量化和绿色化的指导思想下编写的。全书共选编了 55 个实验，内容包括有机化学实验一般知识，有机化学实验基本操作，基础有机合成实验，有机合成新技术实验，综合实验，天然有机化合物的提取及设计性实验七个方面。本书在实验编排上既强化传统有机实验技术的训练，也注重有机合成新技术的运用。设计性实验旨在通过文献调研、方案设计及实施等过程，提高学生的创新能力。

　　本书可作为化学、应用化学、化工、环境、医学、药学、生物、材料的有机化学实验课教材，也可作为从事相应专业科研人员的参考用书。

图书在版编目（CIP）数据

有机化学实验/周忠强主编 . —北京：化学工业出版社，2015.1（2025.2 重印）
高等学校教材
ISBN 978-7-122-22344-9

Ⅰ.①有…　Ⅱ.①周…　Ⅲ.①有机化学-化学实验-高等学校-教材　Ⅳ.①O62-33

中国版本图书馆 CIP 数据核字（2014）第 269894 号

责任编辑：李　琰　宋林青　　　　　　　　装帧设计：王晓宇
责任校对：王　静

出版发行：化学工业出版社（北京市东城区青年湖南街 13 号　邮政编码 100011）
印　　装：北京建宏印刷有限公司
787mm×1092mm　1/16　印张 8¼　字数 201 千字　　2025 年 2 月北京第 1 版第 8 次印刷

购书咨询：010-64518888　　　　　　　　售后服务：010-64518899
网　　址：http://www.cip.com.cn
凡购买本书，如有缺损质量问题，本社销售中心负责调换。

定　　价：25.00 元

前　言

　　《有机化学实验》是化学、化工、医学、药学、生物、材料及相关专业的一门重要基础课程。为了适应当前有机化学实验教学的要求，编者在多年有机化学实验教学经验的基础上，参考兄弟院校的同类教材，在有机化学实验小量化和绿色化的指导思想下，着手编写了本教材。

　　本教材包括有机化学实验一般知识，有机化学实验基本操作，基础有机合成实验，有机合成新技术实验，综合性实验，天然有机化合物的提取及设计性实验七个方面的内容。近年来，超声辐射和微波辐射在有机合成中的应用发展非常迅速，为此，本教材在实验编排上既强化传统有机实验技术的训练，也注重有机合成新技术的运用。设计性实验旨在通过文献调研、方案设计及实施等过程，提高学生的创新能力。全书共 55 个实验，可供不同层次、不同需要的读者学习和选用。

　　参加本书编写工作的有陈连清（2.3、2.5、实验 12、实验 14、实验 21、实验 27、实验 35、实验 46、实验 48），陈玉（2.2、2.4、实验 13、实验 24、实验 45、实验 51），胡晓允（2.1、2.6、2.11、实验 16、实验 26、实验 41、实验 44、实验 53），吴腊梅（2.9、实验 18、实验 25、实验 43、实验 52），张健（2.7、实验 10、实验 22），赵新筠（第 1 章、实验 36、实验 42、实验 47），周忠强完成了其余章节的编写。全书由周忠强统一整理定稿。

　　本书得到了中南民族大学国家级民族药学实验教学中心和中南民族大学湖北省有机化学精品课程项目资助。

　　由于水平有限，本书疏漏和不妥之处在所难免，敬请读者批评指正。

编者
2014 年 9 月

目　录

第1章 有机化学实验一般知识

1.1 有机化学实验室安全知识

由于有机化学实验室所用的药品多数是有毒、有腐蚀性、可燃、有的甚至是有爆炸性的，因此必须要注意安全。比如甲醇、硝基苯、有机磷化合物、有机锡化合物、氰化物等属于有毒药品；氯磺酸、浓硫酸、浓硝酸、浓盐酸、烧碱及溴等属于强腐蚀性药品；乙醚、乙醇、丙酮和苯等溶剂是易于燃烧的；氢气、乙炔、金属有机试剂和干燥的苦味酸属于易燃、易爆的药品；同时，有机化学实验中常使用的仪器大部分是玻璃制品，具有易碎、易裂的特点。还要使用电器设备等辅助仪器，如果使用不当也易引起触电或火灾。所以在有机实验室工作，若粗心大意就容易引发割伤、烧伤乃至火灾、中毒以及爆炸等各种事故。因此，必须充分认识到有机化学实验室是具有潜在危险的场所，从思想上重视安全问题。进入实验室前，应认真预习，对实验内容、原理、目的、实验步骤、仪器装置、实验注释及安全方面的问题有比较清楚的了解。在进行实验时也必须严格遵守正确的操作规程，加强安全措施。实验结束后，对化学药品进行规整，从而有效地避免事故的发生、维护个人和实验室的安全，确保实验能顺利完成。下面介绍有机实验室的安全规则、事故的预防和处理以及急救常识。

1.1.1 实验室安全守则

有机化学实验是有机化学药品、水、气、玻璃仪器、电器设备等多方面知识的综合应用，为了保证有机化学实验教学的正常、安全、有序地进行，培养良好的实验习惯，并保证实验室的安全，学生进入实验室时必须要熟悉水、电、气和灭火器的正确使用方法，知道灭火器的摆放位置，掌握灭火、防护和急救的相关知识，同时还要严格遵守有机化学实验室的安全规则。

1.1.1.1 有机化学药品

必须分类保管、安全取用。严禁把各类化学药品任意混合，以免发生意外事故。

（1）取用时本着节约的原则，不得随意丢弃化学药品，试剂用毕及时盖紧瓶盖。

（2）易燃、易爆物品应远离火源，不能用明火加热。操作最好在通风橱中进行。切勿把易燃的有机溶剂倒入到废液缸中。

（3）易燃、易挥发的溶剂不得用明火在敞口容器中或者密闭体系中加热，必须用水浴、油浴或者可调电压的电热套加热。加热的玻璃仪器外壁不得有水珠，也不能用厚壁玻璃仪器加热，以免玻璃仪器破裂引发火灾。

（4）有毒、有腐蚀性的化学品的取用，不得接触伤口。使用和处理有毒或腐蚀性物质时，应在通风橱中进行，并戴上防护用品，尽可能避免有机物蒸汽扩散到实验室内，也不得

1

随意倒入下水道中。取用酸、碱等腐蚀性的化学药品时必须小心，不能洒出。废酸应倒入废酸缸中，不能倒入到废碱缸中。

（5）对某些有机溶剂如苯、甲醇、硫酸二甲酯，使用时应特别注意。因为这些有机溶剂均为脂溶性液体，不仅对皮肤及黏膜有刺激性作用，而且对神经系统也有损伤。生物碱大多具有强烈毒性，皮肤亦可吸收，少量即可导致中毒甚至死亡。因此，必须穿上工作服、戴上手套和口罩才能使用这些试剂。

（6）实验药品均不得入口，严禁在实验室中吸烟或吃食物，实验完毕必须认真洗手。

1.1.1.2　玻璃仪器

由于有机化学实验室使用的大多数都是玻璃仪器。使用时要特别小心，否则容易产生危险。

（1）装配玻璃仪器时，不能用力过猛或装配不当，否则会造成一定的伤害。

（2）正确使用温度计、玻璃棒和玻璃管，以免玻璃管、玻璃棒折断或破裂而划伤皮肤。

（3）正确处理冷凝管的支管与橡皮管的连接通水问题。避免因用力过猛导致冷凝管的支管断裂而造成伤害。

（4）使用玻璃温度计时，要特别小心，严禁打破。一旦打破，必须立即处理，先尽可能收集散落在地上的汞滴，撒落在地面难以收集的微小汞珠应立即撒上硫黄粉，使其反应生成毒性较小的硫化汞，或喷上用盐酸酸化过的高锰酸钾溶液（1L 高锰酸钾溶液中加 5mL 浓盐酸），过 1～2h 后再清除，或喷上 20% 三氯化铁的水溶液，干后再清除干净。切忌倒入下水道中。

（5）常压蒸馏、回流和分馏反应，禁止采用密闭体系操作，一定要保持与大气相通。否则会由于蒸汽的冲出而发生玻璃仪器的破碎，甚至爆炸。

（6）减压过滤样品时，避免过大的负压造成玻璃抽滤瓶的超负荷而炸裂。因此减压蒸馏时，要用圆底烧瓶作为接收器，不可用锥形瓶，否则也可能会发生炸裂。

（7）在用分液漏斗进行萃取操作时，要及时放气，放气时要朝向无人处。

1.1.1.3　电器设备

使用电器时，应防止人体与金属导电部分直接接触，不能用湿手或手握湿的物体接触电插头，防止触电。更不能让水进入到插座里导致短路。实验完毕，应先切断电源，再将电器连接的总电源插头拔下。

（1）红外灯

烘干样品时，样品距离红外灯不能太近，以免产生的水蒸气使红外灯发生爆炸。

（2）可调电压的电热套

严禁水进入到电热套的内部。对玻璃仪器进行加热时，一定要用抹布把外壁上沾的水擦拭干净再加热。同时要求通入冷凝水时流速要适当，以免流速过大造成水漏入到电热套的内部，而发生电线短路。

（3）油浴加热设备

使用油浴加热时，严禁水进入到热油中而发生危险。

1.1.1.4　冷凝水

（1）仪器安装要在操作台的正中进行，尽量靠近水源，防止通冷凝水时由于橡皮管过短而使出水口中的水流到操作台上的插座里，造成短路。

（2）冷凝水的流速大小刚好能让冷凝水流动就行。避免流速过大时造成水的浪费，同时也避免水冲出台面发生水灾或者由于通入过大的冷凝水而导致水进入到要求无水的反应体系中而发生危险。

（3）用油浴加热蒸馏或回流时，必须避免冷凝水溅入到热油浴中致使油外溅到热源上，从而引起火灾。这主要是由于橡皮管套入冷凝管时不紧密，开动水阀过快，水流过猛把橡皮管冲出来。所以，要求橡皮管套入冷凝管侧管时要紧密，开动水阀时动作要慢，使水流慢慢通入冷凝管内。

此外，还必须遵守如下的安全规定：

（1）实验结束后，要仔细关闭好水、电、气及实验室门窗，防止其他意外事故的发生；

（2）有可能发生危险的化学反应，应采取必要的防护措施，如戴防护手套、防护眼镜、面罩等，甚至要在通风橱内进行。

1.1.2 实验室事故的预防和处理

有机实验室的事故多为割伤、灼伤、中毒、着火、爆炸等。要想预防事故的发生，除了要了解有机实验室的安全知识外，还要熟悉实验室意外事故的预防和处理。当然还要熟悉灭火消防器材、紧急淋洗装置以及洗眼器的位置和正确使用方法。

1.1.2.1 割伤

造成割伤者，一般有下列几种情况：①装配仪器时用力过猛或装配不当；②装配仪器用力处远离连接部位；③仪器口径不合而勉强连接；④玻璃折断面未烧圆滑，有棱角。

预防玻璃割伤，要注意以下几点：①玻璃管（棒）切割后，断面应在火上烧熔，以消除棱角；②仪器的配套连接；③正确使用温度计、玻璃棒和玻璃管，以免玻璃管、玻璃棒折断或破裂而划伤皮肤。

如果不慎发生割伤事故，要及时处理。受伤后要仔细观察伤口有没有玻璃碎片，如有，先将伤口处的玻璃碎片取出。若伤口不大，先用蒸馏水洗净伤口，再用 $3\%H_2O_2$ 洗，然后涂上紫药水或碘酒，再用绷带包扎。伤口较大或割破了主血管，则应用力按住主血管，防止大出血，然后及时送医院治疗。

1.1.2.2 灼伤

皮肤接触了高温，如热的物体、火焰、蒸汽；或者低温，如固体二氧化碳、液态氮以及腐蚀性物质，如强酸、强碱、溴等都会造成灼伤。因此，进行实验时，要避免皮肤与上述能引起灼伤的物质接触。因此取用有腐蚀性化学药品时，应戴上橡皮手套和防护眼镜。

实验中发生灼伤，要根据不同的灼伤情况分别采取不同的处理方法。被酸或碱灼伤时，应立即用大量水冲洗。酸灼伤用 5%碳酸氢钠溶液冲洗或肥皂水处理，最后再用水冲洗余酸；碱灼伤用水洗后，再用 1%醋酸溶液或 1%硼酸溶液冲洗余碱，最后再用水冲洗。严重者要消毒灼伤面，并涂上软膏，送医院就医。被溴灼伤时，应立即用 2%硫代硫酸钠溶液洗至伤处呈白色，然后再用甘油加以按摩。如被灼热的玻璃烫伤，不要用水冲洗烫伤处。烫伤不重时，可涂凡士林、万花油，然后擦一些烫伤软膏或者用蘸有酒精的脱脂棉包扎伤处；烫伤较重时，立即用蘸有饱和苦味酸或高锰酸钾溶液的脱脂棉或纱布包扎上，送医务室处理。

除金属钠外的任何药品溅入眼内，都要立即用大量水冲洗。冲洗后，如果眼睛未恢复正常，应马上送医院就医。

1.1.2.3 中毒

化学药品大多具有不同程度的毒性，产生中毒的原因主要是由于皮肤或呼吸道接触有毒化学药品所引起的。在实验中要防止中毒，必须做到如下几点。

（1）对有毒药品应小心操作，妥善保管，不许乱放。实验中所用的剧毒物质应有专人负责收发，并向使用者指出必须注意遵守的操作规程。对实验后的有毒残渣必须做妥善、有效处理，不准乱丢。

（2）有些有毒物质会渗入皮肤，因此，药品不要沾在皮肤上，尤其是极毒的药品。使用这些有毒物质时必须穿上工作服，戴上手套，称量任何药品都应使用工具，不得用手直接接触。操作后立即洗手，切勿让有毒药品接触五官或伤口。

（3）在反应过程中可能会产生有毒或有腐蚀性气体的实验应在通风橱内进行，尽可能避免有毒蒸汽扩散在实验室内。实验过程中，应戴上防护用品，不要把头伸入通风橱内。

（4）对沾染过有毒物质的仪器和用具，实验完毕应立即采取适当方法处理以破坏或消除其毒性。一般药品溅到手上，通常是用水和乙醇洗掉。实验时若有中毒特征，应到空气新鲜的地方休息，最好平卧，出现其他较严重的症状，如斑点、头昏、呕吐、瞳孔放大时应及时送医院就医。

1.1.2.4　着火

预防着火要注意以下几点。

（1）在操作易燃溶剂时，应远离火源，最好在通风橱中进行。切勿将易燃溶剂放在敞口容器内用明火加热或放在密闭容器内加热。

（2）尽量防止或减少易燃气体的外逸，倾倒时要远离火源，且注意室内通风，及时排出室内的有机物蒸汽。

（3）易燃或易挥发物质不得倒入废液缸内。应倒入专门的回收容器中进行回收处理。

（4）实验室不准存放大量易燃物。

实验室如果发生了着火事故，应沉着镇静及时地采取措施，控制事故的扩大。首先，立即熄灭附近所有火源，切断电源，移开未着火的易燃物。然后，根据易燃物的性质和火势设法扑灭。

起火时，要立即由火场的周围逐渐向中心处扑灭。同时也要防止火势蔓延（如采取切断电源、移去易燃药品等措施）。若衣服着火，切勿在实验室惊慌乱跑，应赶紧脱下衣服，或用石棉布覆盖着火处，或立即就地打滚，或迅速以大量水扑灭。如果地面或桌面着火，若火势不大，可用淋湿的抹布、石棉布或沙子覆盖燃烧处来灭火；火势大时可使用泡沫灭火器。如果油类着火，要用沙或灭火器灭火，也可撒上干燥的固体碳酸氢钠粉末。如遇电线走火，应立即切断电源，切勿用水或导电的酸碱泡沫灭火器灭火，要用沙或二氧化碳灭火器灭火。如果电器着火，切勿用水泼。首先应先切断电源，然后再用四氯化碳灭火器灭火（注意：四氯化碳蒸汽有毒，在空气不流通的地方使用有危险！）。如果反应瓶内有机物发生着火，可用石棉板盖住瓶口，火即熄灭；必要的时候可以使用灭火器。

1.1.2.5　爆炸

实验时，仪器堵塞或装配不当；减压蒸馏使用不耐压的仪器；违章使用易爆物；反应过于猛烈，难以控制都有可能引起爆炸。

为了防止爆炸事故，应注意以下几点。

（1）一些本身容易爆炸的化合物，如硝酸盐类、硝酸酯类、三碘化氮、芳香族多硝基化合物、乙炔及其重金属盐、重氮盐、叠氮化物、有机过氧化物等化学药品不能随便混合。氧化剂和还原剂的混合物在受热、摩擦或撞击时也会发生爆炸。如过氧乙醚和过氧酸等，在受热或被敲击时会发生爆炸。强氧化剂与一些有机化合物接触，如乙醇和浓硝酸混合时会发生猛烈的爆炸反应。

（2）常压操作时，切勿在封闭系统内进行加热或反应，在反应进行时，必须经常检查仪器装置的各部分有无堵塞现象。

（3）减压蒸馏时，不得使用机械强度不大的仪器（如锥形瓶、平底烧瓶等）。必要时，要戴上防护面罩或防护眼镜。

（4）使用易燃、易爆物（如氢气、乙炔和过氧化物），要保持室内空气畅通，严禁明火。使用乙醚时，必须检验是否有过氧化物存在，如果发现有过氧化物存在，应立即用硫酸亚铁除去过氧化物后才能使用。

（5）反应过于猛烈时，要根据不同情况采取冷冻或控制加料速度等措施避免爆炸的发生。必要时可设置防爆屏。

1.1.3 急救常识和急救用具

万一发生意外事故，切莫惊慌失措，应沉着冷静地利用所掌握的消防知识应对处理。一定要熟悉安全器具的放置地点和使用方法，并妥善保管。急救药品和器具是专供急救用，不准挪作他用或者擅自改变放置位置。

1.1.3.1 灭火器

有机化学实验室一般不用水灭火。因为水能和一些化学药品（如钠）发生剧烈的反应。用水灭火会引起更大的火灾甚至爆炸。而且大多数有机溶剂不溶于水且比水轻，用水灭火时有机溶剂会浮在水的上面，反而扩大火场。在多数情况下可以使用灭火器灭火。干沙和石棉布也是实验室经济常用的灭火材料。下面介绍实验室必备的几种灭火器材。

常用的灭火剂有二氧化碳、四氯化碳和泡沫灭火剂等。二氧化碳灭火器是有机化学实验室最常用的灭火器。灭火器内贮有压缩的二氧化碳。使用时，一手提灭火器，一手应握在喷二氧化碳喇叭筒的把手上（不能手握喇叭筒，以免冻伤！），打开开关，二氧化碳即可喷出。这种灭火器灭火后的危害小，特别适用于油脂、电器及其他较贵重的仪器着火时灭火。四氯化碳和泡沫灭火器，虽然也都具有比较好的灭火性能，但由于存在一些问题，如四氯化碳在高温下生成剧毒的光气，而且与金属钠接触会发生爆炸；泡沫灭火器喷出大量的硫酸氢钠、氢氧化铝，污染严重，给后处理带来麻烦。因此，除非万不得已，最好不用这两种灭火器。

1.1.3.2 紧急冲淋洗眼装置和淋洗装置

当眼睛或者身体接触有毒有害或者具有其他腐蚀性化学物质的时候，这些设备对眼睛和身体可以进行紧急冲洗或者冲淋，避免化学物质对人体造成进一步伤害。但是这些设备只是对眼睛和身体进行初步的处理，不能代替医学治疗。情况严重的，必须尽快进行进一步的医学治疗。当发生意外伤害事故时，通过这些装置的快速喷淋、冲洗，把伤害程度减轻到最低限度。因此必须事先了解这两个装置的使用方法，一旦化学药品溅入眼内，立即用大量水缓缓彻底冲洗。洗眼时要保持眼皮张开，可由他人帮助翻开眼睑，持续冲洗15分钟。忌用稀酸中和溅入眼内的碱性物质，反之亦然。对因溅入碱金属、溴、磷、浓酸、浓碱或其他刺激性物质造成的眼睛灼伤者，急救后必须迅速送往医院检查治疗。

1.1.3.3 实验室常用的医药箱

医药箱中包含急救药品和急救用具。其中常见的急救药品有碘酒、双氧水、饱和硼砂溶液、1%醋酸溶液、5%碳酸氢钠溶液、70%酒精、2%硫代硫酸钠溶液、玉树油、烫伤油膏、万花油、药用蓖麻油、硼酸膏或凡士林、磺胺药粉。常用的急救用具有：洗眼杯、消毒脱脂棉、棉签、纱布、胶布、绷带、创可贴、剪刀、镊子、橡皮管等。

1.1.3.4 其他的安全器具

除了上面所述的安全器具外，有机化学实验室还需具备砂、石棉布、毛毡、棉胎等作为灭火用具。

1.2 有机化学实验常用仪器和装置

1.2.1 有机化学实验常用标准磨口玻璃仪器

标准磨口玻璃仪器是具有标准化磨口或磨塞的玻璃仪器。由于仪器口塞尺寸的标准化、系统化、磨砂密合，凡属于同类规格的接口，均可任意连接，各部件能组装成各种配套仪器，与不同类型规格的部件无法直接组装时，可使用转换接头连接，使之在有机实验室得到广泛的应用。标准接口玻璃仪器，均按国际通用的技术标准制造，当某个部件损坏时，可以选购一个新的同型号的仪器部件进行代替。使用标准磨口玻璃仪器，既可免去配塞子的麻烦手续，又能避免反应物或产物被塞子玷污的危险，口塞磨砂性能良好，使密合性可达较高真空度，对蒸馏尤其减压蒸馏有利，对毒物或挥发性液体的实验较为安全。标准接口仪器的每个部件在其口塞的上或下显著部位均具有烤印的白色标志，表明规格。常用的有 10，12，14，16，19，24，29，34，40 等。有的标准接口玻璃仪器有两个数字，如 10/30，10 表示磨口大端的直径为 10mm，30 表示磨口的高度为 30mm。图 1.1 是有机实验室常用的标准磨口玻璃仪器。

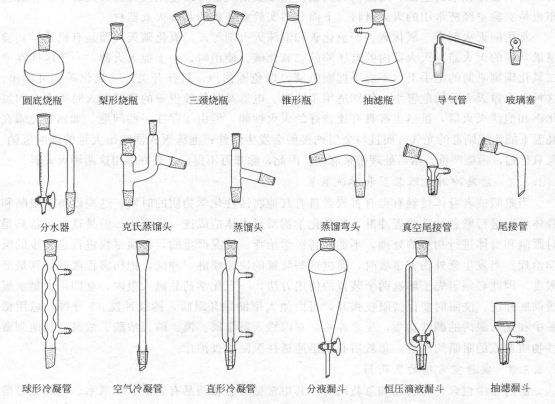

圆底烧瓶　　梨形烧瓶　　三颈烧瓶　　锥形瓶　　抽滤瓶　　导气管　　玻璃塞

分水器　　克氏蒸馏头　　蒸馏头　　蒸馏弯头　　真空尾接管　　尾接管

球形冷凝管　　空气冷凝管　　直形冷凝管　　分液漏斗　　恒压滴液漏斗　　抽滤漏斗

图 1.1　有机实验常用的标准磨口玻璃仪器

1.2.2 有机化学实验常用装置

1.2.2.1 回流装置

当有机化学反应需要在反应体系的溶剂或反应物的沸点附近进行时需用回流装置。图 1.2(a) 适用于一般的反应体系；图 1.2(b) 适用于需要防潮的回流体系；图 1.2(c) 适用于产生有害气体（如溴化氢、氯化氢、二氧化硫等）的反应体系；图 1.2(d) 适用于边滴加边回流的反应体系；图 1.2(e) 适用于回流分水装置；图 1.2(f) 适用于监测反应温度的回流分水装置。

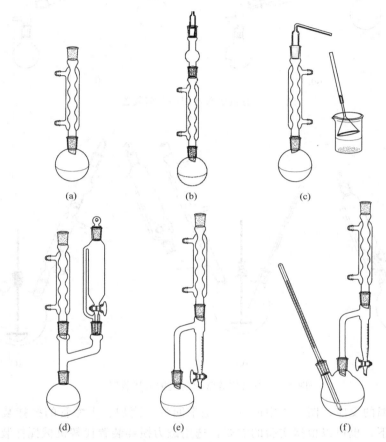

图 1.2 有机实验常用的回流装置

1.2.2.2 蒸馏装置

用蒸馏法分离和提纯液体有机化合物时需要使用蒸馏装置。图 1.3(a) 是带直形冷凝管的蒸馏装置，是最常用的一种蒸馏装置。它适用于低沸点物质的蒸馏（沸点＜140℃），既可在尾部侧管处连接干燥管，用作防潮蒸馏，也可连上橡皮管把易挥发的低沸点馏出物（如乙醚）的尾气导向水槽或室外。图 1.3(b) 是带空气冷凝管的蒸馏装置，适用于蒸馏高沸点物质（沸点＞140℃）。

1.2.2.3 搅拌装置

如果反应在互不相溶的两种液体或固液两相的非均相体系中进行，或其中一种原料需逐渐滴加进料时，必须使用搅拌装置。搅拌方式有两种，机械搅拌和磁力搅拌。图 1.4 中的搅拌类型为机械搅拌。图 1.4(a) 适用于搅拌下滴加回流的反应；图 1.4 中的（b）适用于搅

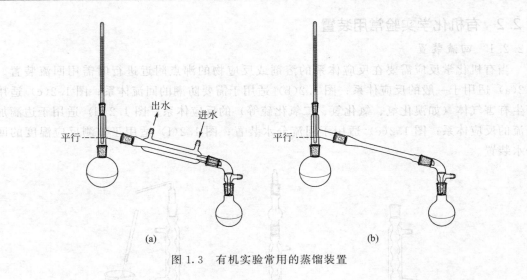

图 1.3 有机实验常用的蒸馏装置

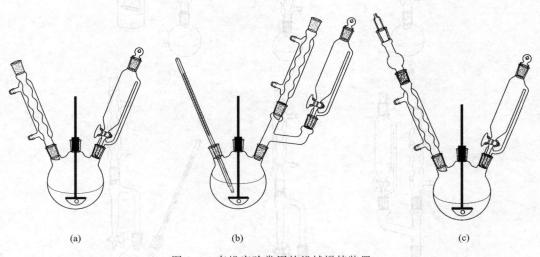

图 1.4 有机实验常用的机械搅拌装置

拌下滴加并需测温的反应；图 1.4 中的（c）是带回流、滴加、干燥管的搅拌装置。在反应原料较少的情况下，也可以根据实验的需要，选用磁力搅拌装置代替机械搅拌装置。

1.2.2.4 水蒸气蒸馏装置

水蒸气蒸馏是进行分离和提纯有机物质的一种常用方法。目前实验室的水蒸气蒸馏装置由水蒸气发生装置、安全玻璃管、蒸馏烧瓶、冷凝管、接收瓶等几个玻璃部件组成。图 1.5 为简单的水蒸气蒸馏装置，适用于产物或杂质与水不混溶，沸点高，高温易分解，能与水共沸的有机物的分离、纯化。

1.2.2.5 减压蒸馏装置

液体的沸点是指它的蒸气压等于外界压力时的温度，外界压力降低时，其沸腾温度随之降低。在蒸馏操作中，一些有机物加热到其正常沸点附近时，会由于温度过高而发生氧化、分解或聚合等反应，使其无法在常压下蒸馏。如果借助于真空泵降低系统内的压力，就可以在比这类有机物正常沸点低得多的温度下进行蒸馏。减压蒸馏是分离和提纯有机化合物的常用方法，主要应用于以下情况：①纯化高沸点液体；②分离或纯化在常压沸点温度下易于分

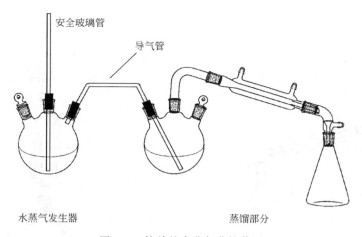

图 1.5 简单的水蒸气蒸馏装置

解、氧化或发生其他化学变化的液体；③分离在常压下因沸点相近而难于分离，但在减压条件下可有效分离的液体混合物；④分离纯化低熔点固体。

实验室减压蒸馏装置主要由蒸馏、抽气（减压）、安全保护和测压四部分组成。蒸馏部分由蒸馏瓶、克氏蒸馏头、毛细管、温度计及冷凝管、接收器等组成。抽气部分常见的减压泵有水泵、油泵和微型薄膜泵。安全保护部分一般有安全瓶。若使用油泵，还必须有冷阱（冰-水、冰-盐或者干冰）及分别装有粒状氢氧化钠、无水氯化钙、石蜡片及活性炭或硅胶等吸收干燥塔，以避免低沸点溶剂、特别是酸和水蒸气进入油泵而降低泵的真空效能。图1.6 为简易的减压蒸馏装置。

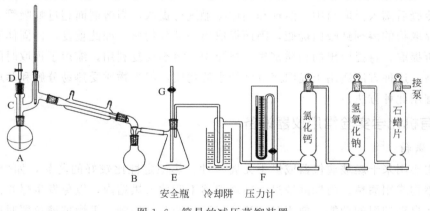

图 1.6 简易的减压蒸馏装置

1.2.2.6 分馏装置

分馏是分离提纯沸点很接近的有机液体混合物的一种很重要的方法。装置如图 1.7 所示。它是根据混合液沸腾后蒸汽进入分馏柱中被部分冷凝，冷凝液在下降途中与继续上升的蒸汽接触，二者进行热交换，蒸汽中高沸点组分被冷凝，低沸点组分仍呈蒸汽上升，而冷凝液中低沸点组分受热汽化，高沸点组分仍呈液态下降。结果是上升的蒸汽中低沸点组分增多，下降的冷凝液中高沸点组分增多。如此经过多次热交换，就相当于连续多次的普通蒸馏。以致低沸点组分的蒸汽不断上升，而被蒸馏出来；高沸点组分则不断流回蒸馏瓶中，从而将它们分离。

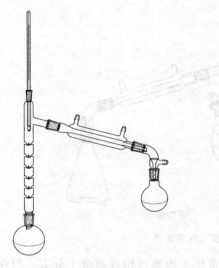

图 1.7　简易的分馏装置

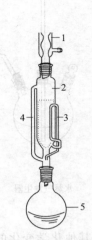

图 1.8　简易的索氏提取装置

1—回流冷凝管；2—提取筒；3—虹吸管；

4—连接管；5—圆底烧瓶

1.2.2.7　索氏提取装置

　　利用溶剂回流及虹吸原理，使固体物质连续不断地被纯溶剂提取，既节约溶剂，又提高了效率。图 1.8 是简易的索氏提取装置。提取前先将固体物质研碎，以增加固液接触的面积。然后将固体物质放在滤纸套内，置于提取筒 2 中，提取筒的下端与盛有溶剂的圆底烧瓶 5 相连接，上面接回流冷凝管 1。加热圆底烧瓶 5，使溶剂沸腾，蒸汽通过提取器的连接管 4 上升，被冷凝后滴入提取筒中，溶剂和固体接触进行提取，当溶剂面超过虹吸管 3 的最高处时，含有提取物的溶剂虹吸回烧瓶，因而提取出一部分物质，如此重复，使固体物质不断为纯的溶剂所提取，将提取出的物质富集在烧瓶中。溶剂反复利用，缩短了提取时间，所以提取效率较高。这种方法适用于提取溶解度较小的物质，但当物质受热易分解和萃取剂沸点较高时，不宜用此种方法。

1.2.3　有机化学实验常用仪器设备

1.2.3.1　烘箱

　　烘箱主要用来干燥玻璃仪器或烘干无腐蚀性、热稳定性比较好的药品，如变色硅胶等。挥发性易燃物或用酒精、丙酮淋洗过的玻璃仪器不能放入烘箱内，以免发生爆炸。烘箱一般都有鼓风和自动控温的功能。使用时应注意温度的调节与控制。干燥玻璃仪器时应先将其沥干，当无水滴下时再放入烘箱，升温加热时将温度控制在 100～120℃左右，在指示灯明灭交替处即为恒温定点。实验室中的烘箱是公用仪器，往烘箱里放玻璃仪器时应由上而下依次放入，以免残留的水滴流下使下层已烘热的玻璃仪器炸裂。取出烘干后的仪器时，应使用棉手套，防止烫伤。取出后不能接触冷水，以防炸裂。取出后的热玻璃器皿，若任其自行冷却，则器壁常会凝聚水汽。可用电吹风吹入冷风助其冷却。

1.2.3.2　旋转蒸发仪

　　旋转蒸发仪是由电机带动可旋转的蒸发器（如圆底烧瓶或者梨形瓶）、冷凝器、接收器或减压泵组成，如图 1.9 所示。可以在常压或减压下操作，连续蒸馏大量易挥发性溶剂。尤其对萃取液的浓缩和色谱分离时接收液的蒸馏更有用，可以分离和纯化反应产物。可一次进料，也可分批吸入蒸发料液。由于蒸发器的不断旋转，不加沸石也不会暴沸。蒸发器旋转时，会使料液附于瓶壁形成薄膜，蒸发面大大增加，加快了蒸发速率。因此，旋转蒸发仪是浓缩溶液、回收溶剂的理想装置。使用时，应先开启减压装置，再开动电机转动蒸馏烧瓶，结束时，应先停止电机转动，再通大气，以防蒸馏烧瓶在转动中脱落。作为蒸馏的热源，常配有相应的恒温水槽。

图 1.9　旋转蒸发仪

1.2.3.3　熔点仪

熔点是指物质在大气压力下固态与液态处于平衡时的温度。固体物质熔点的测定通常是将晶体物质加热到一定温度时，晶体就开始由固态转变为液态，测定此时的温度就是该晶体物质的熔点。熔点测定是辨认物质本性的基本手段，也是纯度测定的重要方法之一。纯净的固体有机物，一般都有固定的熔点，而且熔点范围（又称熔程或熔距，是指由始熔至全熔的温度间隔）很小，一般不超过 $0.5\sim1$℃；若物质不纯时，熔点就会下降，且熔点范围就会扩大。利用这一性质可判断物质的纯度和鉴别未知化合物。因此，熔点仪是实验室常用的测定仪器。

测熔点的仪器各种各样，有显微熔点仪，如 X-4 显微熔点仪，如图 1.10（a）所示。该仪器采用热台控制系统和显微镜组合成一体的结构，利用反光镜元件引进光源，照亮被测物体，经过显微物镜放大，在目镜视场里可以清晰地看到固态→液态熔融时的全过程。可用载玻片方法测定物质的熔点，观察形变、色变等。要测物质的熔点时，只要在两片玻璃片之间放入被测物质，一起放在热台腔内，使被测物质放在热台孔之间，盖上隔热片，旋转反光镜，使光线照亮热台小孔，上下移动工作台，到从目镜视野里能清晰地看到被测物质为止。随着科技的进步与发展，熔点仪也不断地更新换代，实现了许多实用性功能，且操作方便，数据精确。目前全球使用最广泛的熔点仪是 MPA100 全自动熔点仪，如图 1.10（b）所示。MPA100 熔点仪采用毛细管作为样品管，通过高分辨率的数码成像检测器观察毛细管内样品的熔化过程，清晰直观。同时它也利用电子技术实现温度程控，只要选择起始温度，温度梯度，终止温度，按一下 [START]，就能从显示屏上读出结果，使实验能在无人看管下进行。

(a)　　　　　　　　　　　　　　　(b)

图 1.10　X-4 显微熔点仪和 MPA100 全自动熔点仪

1.2.3.4　微波反应/萃取器

微波技术应用于有机合成反应，反应速度比常规方法要加快数十甚至数千倍，并且能合成出常规方法难以生成的物质，正越来越广泛地应用于材料、制药、化工及其他相关科研和教学领域。微波加热就是将微波作为一种能源来加以利用。微波是一种波长极短的电磁波，波长位于 0.1mm 到 1m 的范围内，其频率范围从 300MHz 到 300kMHz。当微波与物质分子相互作用，产生分子极化、取向、摩擦、碰撞、吸收微波能而产生热效应。微波反应是物体吸收微波的能量后自身发热，加热从物体内部、外部同时开始，能做到里外同时加热。

微波反应器的种类很多，简单的产品有点类似对家用微波炉的改造。如 BXS12-SXL9-1 型微波反应器，如图 1.11(a) 所示，体系是开放型的，与大气相通。可进行冷凝回流、滴液和分水等操作，适合于高沸点的溶剂体系。对于低沸点的溶剂体系，不适合用这种敞口的反应体系，可以采用密闭的微波反应体系，如图 1.11(b) 所示。

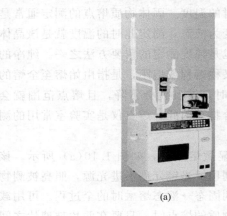

(a)　　　　　　　　　　(b)

图 1.11　不同类型的微波反应器

该仪器还可用于微波萃取反应，它是利用微波来提高萃取率的一种新发展起来的技术。其应用原理是在微波场中，吸收微波能力的差异使得基体物质的某些区域或萃取体系中的某些组分被选择性加热，从而使得被萃取物质从基体和体系中分离，进入到介电常数较小、微波吸收能力相对差的萃取剂中。

1.2.3.5　超声波合成/萃取仪

超声波是指频率高于 20000Hz 的声波。它在媒质中传播能引起媒质分子间的剧烈摩擦和热量耗散，从而产生各种初级和次级的超声波效应，如超声波热效应、化学效应、空化效应及其他物理效应等。由于超声波的"空化"作用可造成反应体系活性的变化，产生足以引发化学反应的瞬时高温高压，形成了局部高能中心，促进化学反应的顺利进行，这是超声波催化化学反应的主要因素。超声波的次级效应如机械振荡、乳化、扩散、击碎等都有利于反应物的全方位充分混合，比一般相转移催化和机械搅拌更能有效地促使反应顺利进行。

超声波合成/萃取仪就是应用现代超声波技术结合智能的低温恒温系统作为物理手段的新型超声波合成和萃取装置。可破坏分子结构，改善反应活性，分散粉碎粒子，使其线度进一步缩小，有利于反应的发生。利用超声波的空化作用和超声波的次级效应也可以加速有效成分的浸出提取、扩散释放并充分与溶剂混合，有利于提取。该技术具有提取时间短、产率高、无需加热、低温提取保护有效成分等优点。

图 1.12 是 XH-2008D 型智能温控低温超声波催化合成/萃取仪。主要由大功率超声波发

图 1.12　智能温控低温超声
波催化合成/萃取仪

图 1.13　循环水式多用真空泵

生系统、加热系统、压缩机制冷系统、测温控温系统、搅拌系统等组成。既可以用作超声波催化合成，也可以用作超声波萃取。

1.2.3.6　循环水式多用真空泵

循环水式多用真空泵是以循环水作为工作流体的喷射泵。它是根据射流技术产生负压而设计的一种新型的真空多用泵。其特点是，体积小，节约水。适用于真空过滤，真空蒸发，减压蒸馏等实验中。它的工作原理是靠泵腔容积的变化来实现吸气、压缩和排气。当叶轮顺时针方向旋转时，水被叶轮抛向四周。由于离心力的作用，水形成了一个封闭圆环。叶轮轮毂和水环之间形成一个月牙形的空间。当叶轮旋转时，空腔的容积发生变化，从而实现吸气、压缩和排气功能。图 1.13 是有机化学实验室常用的循环水式多用真空泵。

1.2.3.7　搅拌器

常用的搅拌器有电动搅拌器和磁力搅拌器两种。电动搅拌器是由电机带动搅拌棒而达到搅拌效果的一种装置，如图 1.14(a) 所示。适用于反应物料较多的反应。磁力搅拌器是通过磁场的不断旋转变化来带动容器内磁转子随之旋转，从而达到搅拌的目的。一般的磁力搅拌器都有控制磁铁转速的旋钮及可控制温度的加热装置，适用于反应物料较少的反应。使用时应注意及时收回搅拌子，不得随反应废液或固体一起倒入废料桶或下水道。图 1.14(b) 是 DF101S 集热式磁力搅拌器。可以将加热容器完全处于强烈的热辐射之中，加热速度是其

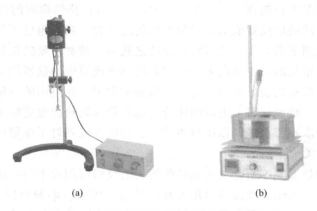

(a)　　　　　　　　　　　　　　　　(b)

图 1.14　电动搅拌装置和集热式磁力搅拌装置

13

他平面加热磁力搅拌器的三倍。温度均匀、效率高，适合于球型烧瓶参加的加热反应。对于该仪器来说，加入的传热介质的量必须超过加热器件，防止空烧。

1.2.3.8　电子天平

可以通过归零功能使称量物进行累加。无论哪种电子天平都应经常保持清洁，所称物体不能直接放在盘上，而应放在清洁、干燥的表面皿、称量纸或烧杯中进行称量。易挥发的液体物质应盛放在带塞子的锥形瓶或圆底烧瓶中进行称量。

1.3　常用玻璃仪器的洗涤、干燥和保养

1.3.1　玻璃仪器的洗涤

进行有机化学实验必须使用洁净的玻璃仪器。实验用过的玻璃仪器必须立即进行洗涤。否则，时间长了以后，会增加洗涤的困难。洗涤的一般方法是用水、肥皂水、洗衣粉水、洗洁精刷洗。若难以洗净时，可根据污垢的性质选择适当的洗液进行洗涤。如果是酸性（或碱性）的污垢，用碱性（或酸性）洗液洗涤。有机污垢用碱性或有机溶剂洗涤。不溶性物质或刷子不易刷到的器皿用重铬酸钾洗液浸洗。较多凡士林或其他油污，先用二甲苯或汽油擦洗，再用浓碱液或热肥皂水刷洗。

器皿是否清洁的标志是：加水倒置，水顺着器壁流下，内壁被均匀湿润着一层薄的水膜，且不挂水珠。

1.3.2　玻璃仪器的干燥

做实验经常要用到的仪器应在每次实验完毕之后洗净干燥备用。用于不同实验的仪器对干燥有不同的要求，一般定量分析中的烧杯、锥形瓶等仪器洗净即可使用，而用于有机化学实验或有机分析的仪器很多是要求干燥的，有的要求无水。应根据不同要求来干燥仪器。

1.3.2.1　晾干

不急用的，要求一般干燥。可在用水荡洗后，在无尘处倒置晾干水分，然后自然干燥。可用安有斜木钉的架子和带有透气孔的玻璃柜放置仪器。但必须注意，若玻璃仪器洗得不够干净时，水珠不易流下，干燥较为缓慢。

1.3.2.2　烘干

是指把已洗净的玻璃仪器由上层到下层放入烘箱中烘干。即洗净的仪器控去水分，放在电烘箱中烘干，烘箱温度控制在 $105 \sim 120℃$，烘 1h 左右。待烘箱内的温度降至室温时才能取出。切不可把很热的玻璃仪器取出，以免骤冷使之破裂。当烘箱已工作时，不能往上层放入湿的器皿，以免水滴下落，使热的器皿骤冷使之破裂。带磨口塞的仪器，如分液漏斗、恒压滴液漏斗，应把活塞从磨口中拿出来，带实心玻璃塞或厚壁的仪器烘干时要注意慢慢升温并且温度不可过高，以免烘裂，量器不可放于烘箱中烘干。称量用的称量瓶等烘干后要放在干燥器中冷却和保存。玻璃仪器上附带的橡胶制品在放入烘箱前也应取下。放入烘箱中干燥的玻璃仪器，一般要求不带水珠，器皿口侧放。也可放在红外灯干燥箱中烘干。

1.3.2.3　热（冷）风吹干

对于急于干燥的仪器或不适合放入烘箱的较大的仪器可用吹干的办法。首先将水尽量晾干后，再用少量乙醇、丙酮（或最后再用乙醚）摇洗并倾出（溶剂要回收），然后用电吹风吹，开始用冷风吹 $1 \sim 2min$，当大部分溶剂挥发后吹入热风至完全干燥，再用冷风吹残余的

蒸汽，使其不再冷凝在容器内。

1.3.3 玻璃仪器的保养

玻璃仪器在实验室中很常见，使用量也很大，实验室中的玻璃仪器在使用完后一定要进行彻底的清洗，否则，对接处常会粘牢，以致拆卸困难。还要不断进行保养，这样才能够使我们的玻璃仪器寿命更加长久。有机化学实验室各种玻璃仪器的性能是不同的，必须掌握它们的性能和正确的使用，提高实验效率，避免不必要的损失。

1.3.3.1 使用标准接口玻璃仪器的注意事项

（1）使用软毛刷清洗以避免不必要的破裂，绝对不能使用铁刷清洗玻璃仪器，但可用超声清洗。

（2）不要长时间将玻璃仪器浸泡在强碱溶液中以避免对玻璃仪器造成损坏。

（3）使用前在磨砂口塞表面涂以少量凡士林或真空油脂，以增强磨砂口的密合性，避免磨面的相互磨损，同时也便于接口的装拆。

（4）装配时，把磨口和磨塞轻轻地对旋连接，不宜用力过猛。但不能装得太紧，只要达到润滑密闭要求即可。

（5）成套仪器，如索氏提取器等用完要立即洗净，放在专门的纸盒里保存。

1.3.3.2 特定玻璃仪器的使用注意事项

（1）烧瓶（包括圆底烧瓶、梨形烧瓶，三颈烧瓶）用作反应瓶，所盛液体的体积应该是瓶体积的 $1/3\sim2/3$。

（2）锥形瓶不可作反应瓶，不可直接加热，不可用于减压系统。

（3）直形冷凝管、球形冷凝管的使用，注意标准磨口的连接问题，以及使用时下口进水，上口出水。同时通水后整体上很重，应将夹子夹在冷凝管重心的地方，以免侧翻。

（4）带磨口塞的仪器最好在洗净前就用橡皮筋或小线绳把塞和管口拴好，以免打破塞子或互相弄混。带活塞的磨口仪器，如分液漏斗、恒压滴液漏斗、分水器等，烘干时要将活塞拿出。使用时活塞要涂凡士林，用完后立即洗净，活塞处塞上纸条。对于分液漏斗，在上口玻璃塞打开后才能开启活塞。上层的液体从上口倒出，下层的液体从下口放出。

（5）温度计

温度计的水银球部位的玻璃很薄，容易破损。使用时要特别小心。不能把温度计当搅拌棒使用。不能测定超过温度计最大量程的温度。也不能把温度计长时间放在高温的溶剂中。否则会使水银球变形，读数不准。温度计用后要让它慢慢冷却，特别在测量高温之后，切不可立即用水冲洗。否则会破裂或导致水银柱断开。应悬挂在铁架台上，待冷却后把它洗净、放好。

1.3.3.3 拆开粘接在一起的磨口玻璃仪器的方法

（1）用有机溶剂浸润。用滴管向磨口处滴加少量有机溶剂，可以看到溶剂向连接处扩散，当整个磨口连接处都已经浸满溶剂后，再试着转动。

（2）将粘住的仪器放入水中煮沸（连接处要浸入水中），然后取出转动。

（3）把瓶口在桌子边上磕一磕，要注意力度。用劲太大瓶子就容易碎。

（4）把瓶子放在超声波清洗器中超声一段时间，慢慢就松开了。

（5）把粘住的容器，直接放入冰柜，冷冻一段时间，再拧开。

（6）用电吹风吹热连接处后再转动。

1.4 实验预习、实验记录和实验报告

1.4.1 实验预习

在进行实验之前做好充分的预习是做好有机实验的前提，对实验成功与否、收获大小起着关键的作用。为了避免照方抓药，争取积极主动、准确地完成实验，必须认真做好实验预习。教师有义务拒绝那些未进行预习的学生进行实验。

首先必须阅读本书第一部分的有关内容，明确有机实验的目的、要求，了解实验室安全规则。仔细阅读实验内容、领会实验原理、了解有关实验步骤和注意事项，此外还需要查阅有关化合物的物理常数，熟悉所用试剂的性质和仪器的使用方法，安排好实验计划并按要求在实验记录本上写出预习报告。预习时要清楚书后的实验指导和思考题，特别是对实验指导的理解。

预习报告应包括以下几方面：

（1）了解实验目的。

（2）了解实验原理。

（3）实验所需仪器的规格和药品用量。

（4）原料及主、副产物的物理常数。

查物理常数的目的不仅是学会物理常数手册的查阅方法，更重要的是物理常数在某种程度上可以用来指导实验操作。

例如：相对密度通常可以告诉我们在洗涤操作中哪个组分在上层，哪个组分在下层。溶解度可以帮助我们正确地选择溶剂。

（5）画出实验装置图。

（6）写出详尽实验操作步骤的流程图，以简要形式写出主要实验步骤，教材中的文字叙述可用符号、箭头等简化形式表示。

例：正溴丁烷实验流程图如下。

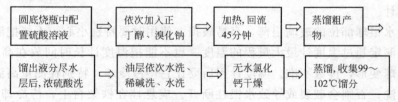

1.4.2 实验记录

认真作好实验记录是每个实验人员必须做到的。实验记录是研究工作的原始记载，是整理实验报告和研究论文的根本依据，实验记录也是培养学生严谨的科学作风和良好工作习惯的重要环节。实验过程中应认真操作，仔细观察，积极思考，并将观察到的现象及测得的各种数据及时准确地记录于实验记录本中。实验记录应该反映实验中的真实情况，不得抄袭他人的数据或内容，应根据自己的实验事实如实地、科学地记录，绝不可臆造。实验时要边做边记录，回忆容易造成漏记和误记，影响实验结果的准确性和可靠性。

在实验记录中应包括以下内容。

（1）每一步操作所观察到的现象，如：是否放热或吸热、颜色变化、pH 值变化、有无

气体产生、是否有固体产生、是否分层、是否混溶。

相关操作细节，如：反应温度、反应时间、加料方式等。尤其是与预期相反或教材、文献资料所述不一致的现象更应如实记载。

（2）实验后处理工序，如：萃取、洗涤所用容积、干燥剂及用量、干燥时间、蒸馏时间、压力，温度。纯化步骤，如：重结晶、溶剂、体积、温度，是否用活性炭处理；蒸馏等，实验中测得的各种数据，如：沸程、熔点、相对密度、折射率、称量数据（质量或体积）等。

（3）产品的色泽、状态等。

实验结束后应将实验预习报告，实验的原始记录交给专任教师批阅。产品交给老师查验，并及时在指定的地点回收实验产品。

1.4.3　实验报告

写实验报告，分析实验现象，归纳整理实验结果，是把实验中直接得到的感性认识上升到理性思维阶段的必要一步。实验操作完成后，必须根据自己的实验记录进行归纳总结。用简明扼要的文字，条理清晰地写出实验报告，应对反应现象给予讨论，对操作中的经验教训和实验中存在的问题提出改进性建议。一般实验报告应包含如下部分。

（1）实验目的

实验目的通常包括以下三个方面：

① 了解本实验的基本原理；

② 需要掌握哪些基本操作；

③ 进一步熟悉和巩固的已学过的某些操作。

（2）实验原理

本项内容在写法上应包括以下两部分内容：

① 文字叙述：要求简单明了、准确无误、切中要害；

② 主、副反应的反应方程式。

（3）实验所需仪器的名称、规格以及药品名称、用量

按实验中的要求列出即可。

（4）实验步骤和实验现象

① 每个实验步骤要求简单、明了。

② 每个实验现象都要写清楚（参看做实验记录要求）。

③ 实验步骤与实验现象要一一对应，要求实事求是，文字简明扼要，字迹整洁。

④ 产品外观，颜色、状态、气味、产量等。

（5）实验装置图

画实验装置图的目的是：在纸面上进行一次仪器安装，进一步了解本实验所需仪器的名称、各部件之间的连接次序。画实验装置图的基本要求是横平竖直、比例适当。

① 图形要正确，线条要清楚、合适；图面要清洁整齐。

② 要点：按仪器本身的比例；先画中间，后画两边，再连接；适当画些辅助线，但最后必须擦掉。

③ 画实验仪器装置图大致分三个程序来完成。

以普通蒸馏装置图来说明：a. 用铅笔标出几根线，确定各种仪器的相对位置和在有关的直线上确定仪器的具体位置（要注意各种仪器的相对位置和各种仪器的相对比例）；b. 按

确定的位置画成各单个仪器，先画中间的，再画两边的；c. 连接各部分，擦去多余的线条，保持画面整洁。

（6）产品产率计算

在实验前，应根据主反应的反应方程式计算出理论产量。计算方法是以相对用量最少的原料为基准，按其全部转化为产物来计算。

（7）讨论

讨论主要是结合自己做实验的具体情况，对实验操作和实验结果进行讨论。也可以对实验中遇到的疑难问题或实验方法、实验装置等提出自己的见解或建议。

（8）思考题

对于一个具体的化学实验，思考题是为了让学生能更好地理解整个实验本身的操作过程、原理，尤其是理解每一步操作的目的。

1.5　有机化学实验常用资料文献与网络资源

查阅文献资料是化学工作者的基本功，特别是在科研工作中，通过文献可以了解相关科研方向的研究现状与最新进展，目前与有机化学相关的文献资料已经相当丰富，许多文献如化学辞典、手册、理化数据和光谱资料等，数据来源可靠，查阅简便，并不断对其进行补充更新，是有机化学的知识宝库，也是化学工作者学习和研究的有力工具。随着计算机技术与互联网技术的发展，网上文献资源将发挥越来越重要的作用，了解一些与有机化学有关的网上资源对于我们做好有机化学实验是非常有帮助的。文献资料和网络化学资源不仅可以帮助了解有机物的物理性质、解释实验现象、预测实验结果和选择正确的合成方法，而且还可使实验人员避免重复劳动，取得事半功倍的实验效果。

1.5.1　常用资料文献

1.5.1.1　常用工具书

（1）精细化学品制备手册

章思规，辛忠主编，1994 年化学工业出版社出版。单元反应部分共十二章，分章介绍磺化、硝化、卤化、还原、胺化、烷基化、氧化、酰化、羟基化、酯化、成环缩合、重氮化与偶合反应，从工业实用角度介绍这些单元反应的一般规律和工业应用。实例部分收入大约1200 个条目，大体上按上述单元反应的顺序编排。实例条目以产品为中心，每一条目按条目标题（中文名称、英文名称）、结构式、分子式和分子量、别名、性状、生产方法、产品规格、原料消耗、用途、危险性质、国内生产厂和参考文献等顺序作介绍，便于读者查阅。

（2）Handbook of Chemistry and Physics

这是美国化学橡胶公司出版的一本化学与物理手册。它出版于 1913 年，每隔一至二年再版一次。过去都是分上、下两册，从 51 版开始变为一册。该书内容分六个方面：数学用表，元素和无机化合物，有机化合物，普通化学，普通物理常数和其他。

在"有机化合物"部分中，按照 1979 年国际纯粹和应用化学联合会对化合物命名的原则，列出了 15031 条常见有机化合物的物理常数，并按照有机化合物英文名字的字母顺序排列。查阅时知道化合物的英文名称，便可很快查出所需要的化合物分子式及其物理常数，如果不知道该化合物的英文名称，也可在分子式索引（Formula Index）中查取（61 版无分子式索引）。分子式索引是按碳、氢、氧的数目顺序排列的。例如乙醇的分子式为 C_2H_6O，则在 C2 部分即可找到 C_2H_6O。如果化合物分子式中碳、氢、氧的数目较多，在该分子式后面附有不同结构的化合物的编号，再根据编号则可以找出要查的化合物。由于有机化合物有同分异构现象，因此在一个分子式下面常有许多编号，需要逐条去查。

（3）Aldrich

美国 Aldrich 化学试剂公司出版。这是一本化学试剂目录，它收集了 1.8 万余个化合物。一个化合物作为一个条目，内含相对分子质量、分子式、沸点、折射率、熔点等数据。较复杂的化合物还附有结构式，并给出了部分化合物核磁共振和红外光谱谱图的出处。每个化合物都给出了不同包装的价格，这对有机合成订购试剂和比较各类化合物的价格很有好处。书后附有分子式索引，便于查找，还列出了化学实验中常用仪器的名称、图形和规格。每年出一本新书，免费赠阅。

（4）Acros Catalogue of Fine Chemicals

Acros 公司的化学试剂手册，与 Aldrich 类似，也是化学试剂目录，包含熔点、沸点等常用物理常数，2005 年版新增了以人民币计算的试剂价格，每年出一册，国内可向百灵威公司索取。

（5）The Merk Index，9th. Ed.

是一本非常详尽的化工工具书。主要是有机化合物和药物。它收集了近一万种化合物的性质、制法和用途，4500 多个结构式及 4.2 万条化学产品和药物的命名。化合物按名称字母的顺序排列，冠有流水号，依次列出 1972—1976 年汇集的化学文摘名称以及可供选用的化学名称、药物编码、商品名、化学式、相对分子质量、文献、结构式、物理数据、标题化合物和衍生物的普通名称与商品名。在 Organic Name Reactions 部分中，对在国外文献资料中以人名来称呼的反应作了简单的介绍。一般是用方程式来表明反应的原料、产物及主要反应条件，并指出最初发表论文的作者和出处，同时将有关这个反应的综述性文献资料的出处一并列出，便于进一步查阅。

（6）Dictionary of Organic Compounds，6th Ed.

本书收集常见的有机化合物近 3 万条，连同衍生物在内共约 6 万余条。内容为有机化合物的组成、分子式、结构式、来源、性状、物理常数、化合物性质及其衍生物等，并给出了制备化合物的主要文献资料。各化合物按名称的英文字母顺序排列。本书自第 6 版以后，每年出一补编，到 1988 年已出了第 6 补编。该书已有中文译本名为《汉译海氏有机化合物辞典》，中文译本仍按化合物英文名称的字母顺序排列，在英文名称后面附有中文名称。因此，在使用中文译本时，仍然需要知道化合物的英文名称。

（7）Organic Synthesis

本书最初由 R. Adams 和 H. Gilman 主编，后由 A. H. Blatt 担任主编。于 1921 年开始出版，每年一卷，1988 年为 66 卷。本书主要介绍各种有机化合物的制备方法；也介绍了一些有用的无机试剂制备方法。书中对一些特殊的仪器、装置往往是同时用文字和图形来说明。书中所选实验步骤叙述得非常详细，并有附注介绍作者的经验及注意点。书中每个实验步骤都经过其他人的核对，因此内容成熟可靠，是有机制备的优秀参考书。

另外，本书每十卷有合订本（Collective Volume），卷末附有分子式、反应类型、化合物类型、主题等索引。在 1976 年还出版了合订本 1～5 集（即 1～49 卷）的累积索引，可供阅读者查考。54 卷、59 卷、64 卷的卷末附有包括本卷在内的前 5 卷的作者和主题累积索引；每卷末也有本卷的作者和主题索引。另外，该书合订本的第1、2、3集已分别译成中文。

(8) Organic Reactions

本书由 Adams, R. 主编，自1951年开始出版，刊期不固定，约为一年半出一卷，1988年已出35卷。本书主要是介绍有机化学有理论价值和实际意义的反应。每个反应都分别由在该方面有一定经验的人来撰写。书中对有机反应的机理、应用范围、反应条件等都作了详尽的讨论。并用图表指出在这个反应的研究工作中作过哪些工作。卷末有以前各卷的作者索引、章节和题目索引。

(9) Text Book of Practical Organic Chemistry, 5th. Ed.

B. S. Furniss, A. J. Hannaford, P. W. G. Smith, A. R. Tachell 编写，由 Longman Scientific & Technical 于1989年出版，内容包括有机化学实验的安全常识、有机化学基本知识、常用仪器、常用试剂的制备方法、常用的合成技术以及各类典型有机化合物的制备方法，所列出的典型反应数据可靠，是一本比较好的实验参考书。

1.5.1.2　常用期刊文献

(1) 中国科学

月刊 (1951年创刊)，原为英文版，自1972年开始出中文和英文两种文字版本。刊登我国各个自然科学领域中有水平的研究成果。中国科学分为 A、B 两辑，B 辑主要包括化学、生命科学、地学方面的学术论文。

(2) 科学通报

半月刊 (1950年创刊)，它是自然科学综合性学术刊物，有中、外文两种版本。

(3) 化学学报

月刊 (1933年创刊)，原名中国化学会会志。主要刊登化学方面有创造性的、高水平的学术论文。

(4) 高等学校化学学报

月刊 (1980年创刊)，是化学学科综合性学术期刊。除重点报道我国高校师生创造性的研究成果外，还反映我国化学学科其他各方面研究人员的最新研究成果。

(5) 有机化学

双月刊 (1981年创刊)，刊登有机化学方面的重要研究成果。

(6) 化学通报

月刊 (1952年创刊)，以报道知识介绍、专论、教学经验交流等为主，也有研究工作报道。

(7) Journal of Chemical Society (J Chem Soc.)

1841年创刊。本刊为英国化学会会志，月刊。从1962年起取消了卷号，按公元纪元编排。本刊为综合性化学期刊，研究内容包括无机化学、有机化学、生物化学、物理化学。全年末期有主题索引及作者索引。从1970年起分四辑出版，均以公元纪元编排，不另设卷号。

a. Dalton Transactions 主要刊载无机化学、物理化学及理论化学方面的文章。

b. Perkin Transactions Ⅰ：有机化学与生物有机化学，Ⅱ：物理有机化学。

c. Faraday Transactions Ⅰ：物理化学，Ⅱ：化学物理。

d. Chemical Communication。

(8) Journal of the American Chemical Society (J Am Chem Soc.)

美国化学会会志，是自 1879 年开始的综合性双周期刊。主要刊载研究工作的论文，内容涉及无机化学，有机化学，生物化学，物理化学，高分子化学等领域，并有书刊介绍。每卷末有作者索引和主题索引。

（9）Journal of the Organic Chemistry（J Org Chem.）

创刊于 1936 年，月刊。主要刊载有机化学方面的研究工作论文。

（10）Chemical Reviews（Chem Rev.）

创刊于 1924 年，双月刊。主要刊载化学领域中的专题及发展近况的评论。内容涉及无机化学，有机化学，物理化学等各方面的研究成果与发展概况。

（11）Tetrahedron

创刊于 1957 年，它主要是为了快速发表有机化学方面的研究工作和评论性综述文章。大部分论文是用英文写的，也有用德文或法文写的论文。原为月刊，自 1968 年起改为半月刊。

（12）Tetrahedron letters

主要是为了快速发表有机化学方面的初步研究工作。大部分论文是用英文写的，也有用德文或法文写的论文。

（13）Synthesis

这本国际性的合成杂志创刊于 1973 年，主要刊载有机化学合成方面的论文。

（14）Journal of Organmetallic Chemistry（J. Organomet. Chem.）

1963 年创刊。主要报道金属有机化学方面的最新进展。

（15）Chemical Abstracts（C. A.）

美国化学文摘，是化学化工方面最主要的二次文献，创刊于 1907 年，自 1962 年起每年出二卷。自 1967 年上半年即 67 卷开始，每逢单期号刊载生化类和有机化学类内容；而逢双期号刊载大分子类、应用化学与化工、物化与分析化学类内容。有关有机化学方面的内容几乎都在单期号内。

1.5.2　网络资源

（1）美国化学学会（ACS）数据库（http：∥pubs. acs. org）

美国化学学会 ACS（American Chemical Society）成立于 1876 年，现已成为世界上最大的科技协会之一，其会员数超过 16 万。多年以来，ACS 一直致力于为全球化学研究机构、企业及个人提供高品质的文献资讯及服务，在科学、教育、政策等领域提供了多方位的专业支持，成为享誉全球的科技出版机构。ACS 的期刊被 ISI 的 Journal Citation Report（JCR）评为化学领域中被引用次数最多的化学期刊。

ACS 出版 34 种期刊，内容涵盖以下领域：生化研究方法、药物化学、有机化学、普通化学、环境科学、材料学、植物学、毒物学、食品科学、物理化学、环境工程学、工程化学、应用化学、分子生物化学、分析化学、无机与原子能化学、资料系统计算机科学、学科应用、科学训练、燃料与能源、药理与制药学、微生物应用生物科技、聚合物、农业学。网站除具有索引与全文浏览功能外，还具有强大的搜索功能，查阅文献非常方便。与有机化学有关的杂志有：Journal of the American Chemical Society（JACS）（美国化学会志），Organic Letters（OL）（有机快报），The Journal of Organic Chemistry（JOC）（美国有机化学），Journal of Medicinal Chemistry（JMC）（美国药物化学），Chemical Reiew（化学评论）。

（2）英国皇家化学学会（RSC）期刊及数据库（http：//www.rsc.org）

英国皇家化学学会（Royal Society of Chemistry）出版的期刊及数据库是化学领域的核心期刊和权威性数据库，与有机化学有关的期刊有：Green Chemistry（绿色化学），Chemical Communications（CC）（化学通讯），Chemical Society Reviews（化学会评论），J. Chem. Soc.，Dalton Transactions，J. Chem. Soc.，Perkin Transactions 1（1972—2002），J. Chem. Soc.，Perkin Transactions 2（1972—2002），Journal of Materials Chemistry，Natural Product Report，New Journal of Chemistry，Pesticide Outlook，Photochemical & Photobiological Sciences，Organic & Biomolecular Chemistry（OBC）（有机生物化学），Journal of the Chemical Society B：Physical Organic（1966—1971），Journal of the Chemical Society C：Organic（1966—1971）等。

此外还包含 Methods in Organic Synthesis（MOS）数据库和 Natural Product Updates（NPU）数据库。MOS 数据库提供有机合成方面最重要进展的通告服务，提供反应图解，涵盖新反应、新方法，包括新反应和试剂、官能团转化、酶和生物转化等内容，只收录有机合成方法上具有新颖性特征的条目。而 NPU 数据库，是有关天然产物化学方面最新发展的文摘，内容选自 100 多种主要期刊。包括分离研究、生物合成、新天然产物以及来自新来源的已知化合物、结构测定，以及新特性和生物活性等。

（3）Elsevier Reaxys 数据库（http：//www.reaxys.com）

该数据库将著名的 Cross Fire Beilstein（贝尔斯坦）数据库、Gmelin（盖墨林）和 Patent Chemistry 专利化学信息数据库综合为一体，继承原 discoverygat 在 web 上检索的优点，拥有有机化学，有机金属化学，生物医药和无机化学中最新颖最广泛的权威信息，让用户准确地找到所需数据，是为化学家设计的辅助化学研发的新型工作流程工具。

（4）美国专利商标局网站数据库（http：//www.uspto.gov）

该数据库用于检索美国授权专利和专利申请，免费提供 1790 年至今的图像格式的美国专利说明书全文，1976 年以来的专利还可以看到 HTML 格式的说明书全文。专利类型包括：发明专利、外观设计专利、再公告专利、植物专利等。该系统检索功能强大，可以免费获得美国专利全文。

（5）John Wiley 电子期刊（http：//onlinelibrary.wiley.com）

目前 John Wiley 出版的电子期刊有 363 种，其学科范围以科学、技术与医学为主。该出版社期刊的学术质量很高，是相关学科的核心资料，其中被 SCI 收录的核心期刊近 200 种。学科范围包括：生命科学与医学、数学统计学、物理、化学、地球科学、计算机科学、工程学等，其中化学类期刊 110 种。与有机化学有关的杂志有：Advanced Synthesis & Catalysis（ASC）（先进合成催化），Angewandte Chemie International Edition（德国应用化学），Chinese Journal of Chemistry（中国化学），Chemistry-A European Journal（欧洲化学），European Journal of Organic Chemistry（欧洲有机化学），Helvetica Chimica Acta（瑞士化学），Heteroatom Chemistry（杂原子化学）。

（6）Elsevier Science 电子期刊全文库（http：//www.sciencedirect.com）

Elsevier Science 公司出版的期刊是世界上公认的高品位学术期刊。其中与有机化学有关的杂志有 Catalysis Communications（催化通讯），Journal of Molecular Catalysis A：Chemical（分子催化 A：化学），Tetrahedron（T）（四面体），Tetrahedron：Asymmetry（TA）（四面体：不对称），Tetrahedron Letters（TL）（四面体快报），Applied Catalysis

A：General（应用催化 A）。

（7）中国期刊全文数据库（http：∥www.cnki.net）

收录 1994 年至今的 5300 余种核心与专业特色期刊全文，累积全文 600 多万篇，题录 600 多万条。分为理工 A（数理科学）、理工 B（化学化工能源与材料）、理工 C（工业技术）、农业、医药卫生、文史哲、经济政治与法律、教育与社会科学综合、电子技术与信息科学 9 大专辑，126 个专题数据库，网上数据每日更新。

（8）中国化学、有机化学、化学学报联合网站（http：∥sioc-journal.cn/index.html）

提供中国化学（Chinese Journal Of Chemistry）、有机化学、化学学报 2000 年至今发表的论文全文和相关检索服务。

（9）EBSCOhost 数据库（http：∥search.china.epnet.com）

与有机化学有关的杂志有：Synthetic Communcations（合成通讯），Lettersin Organic Chemistry（LOC），Current Organic Synthesis，Current Organic Chemistry。

（10）Springer 数据库（http：∥springer.lib.tsinghua.edu.cn）

与有机化学有关的杂志有：Molecules（分子），Monatshefte für Chemie/Chemical Monthly（化学月报），Sciencein China Series B：Chemistry（中国科学 B），Catalysis Letts（催化快报）。

（11）Ingent（http：∥www.ingentaconnect.com）

与有机化学有关的杂志有：Journal of Chemical Research（JCR）（化学研究杂志），Canadian Journal of Chemistry（加拿大化学），Current Organic Chemistry，Mini-Reviews in Organic Chemistry，Phosphorus，Sulfur，and Silicon and the Related Elements（磷、硫、硅和相关元素），Lettersin Organic Chemistry。

（12）Taylor & Francis 科技期刊数据库（http：∥www.tandfonline.com）

与有机化学有关的杂志有：Synthetic Communications，Journal of Sulfur Chemistry（硫化学杂志），Phosphorus，Sulfur，and Silicon and the Related Elements。

（13）Thieme 化学与药学期刊数据库（http：∥www.thieme-connect.com/ejournals）

与有机化学有关的杂志有：Synlett（合成快报），Synthesis（合成）。

（14）SciFinder Scholar（CA 网络版）数据库（https：∥scifinder.cas.org）

SciFinder Scholar 是美国化学文摘社（CAS）设计开发的世界上最先进的科技文献检索和研究工具。它包括了化学文摘 1907 年创刊以来的所有内容，更整合了 Medline 医学数据库和分布世界的 50 多家专利局的全文专利资料。是涉及学科领域最广、收集文献类型最全、提供检索途径最多、数据最为庞大的的世界性检索工具。SciFinder 有多种先进的智能检索途径，比如化学结构式和化学反应式检索等。它还可以通过 Chemport 链接到全文资料库以及进行引文链接。它涵盖的学科包括应用化学、化学工程、普通化学、物理、生物学、生命科学、医学、聚合体学、材料学、地质学、食品科学和农学等诸多领域。

第2章 有机化学实验基本操作

2.1 加热和冷却

2.1.1 加热

　　有机化学反应往往需要加热促使反应进行。一般情况下，温度越高，反应速度越快，大体上温度每升高 10℃，反应速度会增加一倍。此外，有机化学反应的分离纯化，如蒸馏、重结晶、升华等也都要用到加热。

2.1.1.1 实验室常用的加热仪器及使用方法

　　实验室常用的加热仪器有酒精灯、煤气灯、电加热套、电炉、马弗炉、红外灯等。一般从被加热物质所需达到的温度、加热速度及安全要求来选择适宜的加热仪器。

　　(1) 酒精灯

　　酒精灯由灯壶、灯芯和灯帽三部分组成。酒精灯以酒精为燃料，正常的火焰分为三层：焰心、内焰和外焰。焰心是酒精蒸汽，温度最低；内焰由于酒精蒸汽燃烧不充分，且有含碳的物质生成，所以火焰具有还原性，又称作"还原焰"，温度较高；外焰酒精蒸汽充分燃烧，温度最高，进行实验时，一般使用外焰来加热，可以提供 400～500℃的温度。

　　使用酒精灯时要注意以下几点：①添加酒精时，不超过酒精灯容积的 2/3，不少于 1/4；②禁止向燃着的酒精灯里添加酒精，以免失火；③禁止用酒精灯引燃另一只酒精灯，要用火柴点燃；④用完酒精灯，必须用灯帽盖灭，不可用嘴去吹。

　　(2) 煤气灯

　　煤气灯一般由灯管和灯座组成。煤气灯以煤气为燃料，其火焰可随着调节空气量的增减而不同。当通入适量空气时，煤气充分燃烧，可放出最大热量，这时火焰分三层：焰心、还原焰和氧化焰。焰心为水蒸气、一氧化碳、二氧化碳和氮、氧的混合物，温度约 300℃；还原焰煤气燃烧不完全，火焰呈淡蓝色，温度约 500℃；氧化焰煤气燃烧完全，火焰呈淡紫色，温度可达 800～900℃，一般用氧化焰加热。

　　煤气中含有有毒物质（燃烧产物无毒），使用时一定要注意防止煤气泄漏，用完要及时关闭煤气。

　　(3) 电加热装置

　　电加热套、电炉、马弗炉、烘箱和红外灯等都属于电加热装置。电加热套是由玻璃纤维包裹电热丝编织而成的加热器，由调压器控制加热温度，最高加热温度可达到 400℃。电加热套具有加热效率高，不易着火等优点，但使用时一定要注意不能让加热套内进水，否则会造成电线短路。电炉使用时要在加热容器与电炉间垫一块石棉网，使加热均匀。马弗炉可以密闭加热，最高温可以达到 1000～1300℃。烘箱用于烘干玻璃仪器和无腐蚀性且热稳定性好的药品，如变色硅胶等。

红外灯常与调压器配套使用，用于快速烘干固体样品。使用时要注意调至合适的温度，若温度太高，会将样品烤焦或熔化。另外，水珠如果溅落在热的红外灯上会引起红外灯爆炸，所以使用时一定要注意远离水槽。

2.1.1.2 实验室常用的加热方式

（1）直接火加热

一般情况下，有机化学实验操作是不能直接用火加热的。如果在试管中加热少量物质或做玻璃加工时才允许直接用酒精灯或煤气灯加热。

（2）石棉网加热

被加热物质沸点较高且不易燃烧的情况下可以在火焰与加热容器之间垫一层石棉网，以扩大受热面积且受热均匀，一般常用烧杯、锥形瓶等平底容器直接放在石棉网上加热水或水溶液，如用圆底烧瓶或梨形瓶等容器加热有机物，则瓶底与石棉网之间应有 $1\sim2mm$ 间隔。

（3）水浴加热

加热温度在 80℃ 以下，一般可用水浴加热，但如果反应涉及到金属钠、钾等则不宜用水浴加热。水浴锅是利用电加热丝加热水，长时间加热时要注意补充水，也可在水面滴加液体石蜡减少水的蒸发。当加热少量低沸点物质如乙醚时，可用烧杯代替水浴锅。

（4）油浴加热

需要加热的温度高于 80℃，一般采用油浴加热。油浴所能达到的最高温度随所用油的种类不同而不同。常用的液体石蜡可加热到 220℃，再升温虽不分解，但易冒烟燃烧。硅油和真空泵油加热到 250℃ 仍然稳定，但价格较昂贵，使用较少。

油浴的使用方法和水浴一样，优点是加热温度高且基本不挥发，即使长时间加热也不用补加油，但用时间久了会变黏稠甚至变黑，需要更换新油，另外高温会冒烟，混入水珠会造成暴溅。多聚乙二醇可加热到 180~220℃，高温不冒烟且遇水也不暴溅，是一种良好的加热溶剂。

现在科研实验中，一般采用磁力搅拌和油浴或水浴加热组合在一起的集热式恒温加热磁力搅拌器。

（5）沙浴加热

加热温度要达到数百摄氏度时，常用沙浴加热。将细沙盛在铁盘、铁锅或铜锅中，要加热的容器埋入沙中即构成沙浴。沙浴可加热到 350℃，且无污染。但沙子导热慢，散热快，升温也不均匀，所以容器底部与沙浴接触处的沙层要薄些，以利于导热；四周的沙层应厚些，以利于保温。沙浴散热很快，温度上升较慢，且不易控制，所以实验室使用不多。

（6）电加热套加热

电加热套具有调温范围广，不见明火，使用安全等优点。电加热套加热温度可以达到 400℃。

2.1.2 冷却

有机化学反应及纯化处理过程中常常需要冷却，降低反应体系温度。有些放热反应，反应中会产生大量的热，使反应剧烈，引起反应溶剂的损失、反应物的分解或副反应增加，甚至反应液冲出反应体系带来安全事故，所以需要降温来控制反应速度；有些反应中间体在室温下不稳定，反应需要在低温下进行；重结晶时，要降低固体物质在溶剂中的溶解度，有时需要冷却至低温；蒸馏时，要把化合物的蒸汽冷凝收集，需要冷却。

将反应物冷却最简单的办法就是把盛有反应物的容器浸入冷水中冷却。如果要在 0～5℃冷却，一般用冰水混合物，因冰水混合物能和容器充分接触，冷却效果要比单纯用冰要好。水的存在不妨碍反应进行时，可以把冰块直接投入反应物中，这样可以更有效地保持低温。

如果要在 0℃以下冷却，可以用食盐和碎冰的混合物（一般为一份食盐与三份碎冰混合），最低温度可以达到－21℃，但实际操作中，温度一般可以冷却到－5～－18℃，食盐投入碎冰中时，食盐易结块，所以要边加食盐边搅拌。冰与六水合氯化钙结晶（$CaCl_2 \cdot 6H_2O$）的混合物理论上可以达到－55℃，但实际操作中，十份六水合氯化钙结晶与 7～8 份碎冰混匀，温度可以冷却到－20～－40℃。液氨分子间的氢键作用使液氨挥发速度不是很快，所以液氨也常用做冷却剂，温度可以达到－33℃。

要达到更低的温度，可以将干冰（固体二氧化碳）与有机溶剂混合。干冰与乙醇混合可达到－72℃，与乙醚、丙酮或氯仿的混合物可达到－78℃；液氮冷却温度更低，可以达到－118℃。为了保持持续冷却的效果，一般把干冰的混合物或液氮放在保温瓶或其他隔热效果较好的容器中，并用铝箔覆盖，以减少其挥发。

这里需要指出的是，当温度低于－38℃，需要使用装有有机液体如甲苯、正戊烷等的低温温度计来测量温度，而不能使用水银温度计。

2.2　熔点的测定

化合物的熔点是指在常压下该物质的固液两相达到平衡时的温度。通常把晶体物质受热后由固态转化为液态时的温度作为该化合物的熔点。纯净的固体有机化合物一般都有固定的熔点。在一定的外压下固液两态之间的变化非常敏锐，自初熔至全熔（称为熔程）温度不超过 0.5～1℃。若混有杂质则熔点有明确变化，不但熔程扩大，而且熔点也往往下降。因此，熔点是晶体化合物纯度的重要指标。有机化合物熔点一般不超过 350℃，较易测定，因此可借测定熔点来鉴别未知有机物和判断有机物的纯度。

在鉴定某未知物时，如测得其熔点和某已知物的熔点相同或相近时，不能认为它们为同一物质。还需把它们混合，测该混合物的熔点，若熔点仍不变，才能认为它们为同一物质。若混合物熔点降低，熔程增大，则说明它们属于不同的物质，这种混合熔点试验是检验两种熔点相同或相近的有机物是否为同一物质的最简便方法。

熔点测定基本操作如下。

（1）准备熔点管

将毛细管截成 6～8cm 长，将一端用酒精灯外焰封口（与外焰成 40°角转动加热），防止将毛细管烧弯、封出疙瘩。[1]

（2）装填样品

取 0.1～0.2g 预先研细并烘干的样品，堆积于干净的表面皿上，将熔点管开口一端插入样品堆中，反复数次，就有少量样品进入熔点管中。然后将熔点管在垂直的约 40cm 长的玻璃管中自由下落，使样品紧密堆积在熔点管的下端，反复多次，直到样品高约 2～3cm 为止[2]，每种样品装 2～3 根。

（3）仪器装置

将 b 形管固定于铁架台上，倒入甘油或浓硫酸作为浴液，其用量以略高于 b 形管的上侧管为宜。

将装有样品的熔点管用橡皮圈固定于温度计的下端，使熔点管装样品的部分位于水银球的中部。然后将此带有熔点管的温度计，通过有缺口的软木塞或橡胶塞小心插入 b 形管中，使之与管同轴，并使温度计的水银球位于 b 形管两支管的中间，如图 2.1 所示。

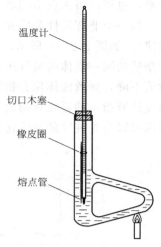

图 2.1　b 形管

（4）熔点测定

粗测：慢慢加热 b 形管的支管连接处，使温度每分钟上升约 5℃。观察并记录样品开始熔化时的温度，此为样品的粗测熔点，可作为精测的参考。

精测：待浴液温度下降到 30℃ 左右时，将温度计取出，换另一根熔点管，进行精测。开始升温可稍快，当温度升至离粗测熔点约 10℃ 时，控制火焰使每分钟升温不超过 1℃[3]。当熔点管中的样品开始塌落、湿润、出现小液滴时，表明样品开始熔化，记录此时温度即样品的始熔温度。继续加热，至固体全部消失变为透明液体时再记录温度，此即样品的全熔温度。样品的熔点表示为：$t_{始熔} \sim t_{全熔}$。

实测：尿素（已知物，133～135℃），桂皮酸（未知物，132～133℃），混合物（尿素：桂皮酸＝1∶1，100℃ 左右）。实验过程中，粗测一次[4]，精测两次。

【注释】

[1]　装填样品所用毛细管其管壁要薄且应洁净、干燥。如果熔点管壁太厚，热传导时间长，会使熔点偏高。样品应研成细粉并要紧密地装填在毛细管中，同时管中样品应有适当高度，这样才能传热迅速、均匀，结果准确。

[2]　样品要研细，填装要紧，否则产生空隙，不易传热，造成熔程变宽。样品量太少不便观察，而且熔点偏低；太多会造成熔程变宽，熔点偏高，样品量太少不便观察，而且熔点偏低。

[3]　掌握升温速度是准确测定熔点的关键，愈接近熔点，升温的速度应愈慢。若浴液升温太快，样品在熔化过程中产生滞后，其结果使观察的温度比真实值高。

[4]　熔化的样品冷却后又凝固成固体，再重新加热所测得的熔点往往就不准确，所以一根毛细管中的样品只能用一次。

【思考题】

1. 接近熔点时升温速度为何要控制得很慢？如升温太快，有什么影响？
2. 是否可以使用第一次测过熔点时已经熔化的有机化合物再做第二次测定？为什么？
3. 如果待测样品取得多或过少对测定结果有何影响？

2.3　蒸　馏

2.3.1　基本原理

把一个液体化合物加热，其蒸气压升高，当与外界大气压相等时，液体沸腾并转变为蒸汽，再通过冷凝使蒸汽变为液体的过程叫做蒸馏。蒸馏可以将易挥发组分与非挥发组分分离开来，也可以将沸点不同的液体混合物分开。

当一个非挥发性杂质加到一个纯液体中，非挥发性杂质会降低液体的蒸气压（Raoult 定律）。如图 2.2(a) 所示，曲线 1 是纯液体的蒸气压与温度的关系，曲线 2 是含有非挥发性杂质的同一液体的蒸气压与温度的关系。由于杂质的存在，使任一温度的蒸气压都以相同数值下降，导致液体化合物沸点升高。但在蒸馏时，蒸汽的温度与纯液体的沸点一致，因为温度计所指示的是化合物的蒸汽与其冷凝液平衡时的温度，而不是沸腾时液体的温度。经过蒸馏可以得到纯粹的液体化合物，从而将非挥发性杂质与纯液体分离。

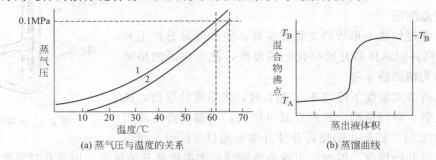

(a) 蒸气压与温度的关系　　　　　　　(b) 蒸馏曲线

图 2.2　蒸馏过程·蒸气压与温度的关系及蒸馏曲线

对于一个均相液体混合物，如果是一个理想溶液（即相同分子间的相互作用与不同分子间的相互作用相同，各组分在混合时无体积变化，也无热效应产生），其组成与蒸气压之间的关系服从拉乌尔定律；

$$p_A = p_A^0 x_A$$

式中，p_A 代表组分 A 的分压；p_A^0 代表在相同温度下纯化合物 A 的蒸气压；x_A 代表 A 在混合液中所占的摩尔分数。如果组成混合液的各组分不是挥发性的，总的蒸气压等于每个组分的分压之和（道尔顿定律），即：

$$p_总 = p_A + p_B + p_C + \cdots$$

这种混合溶液的气相组成就含有易挥发的每个组分，显然用简单蒸馏不能得到纯的化合物。但在气相中沸点越低的组分含量超高。对于一个二元混合液（A＋B），如果 A、B 的沸点相差很大（如大于 100℃），且体积相近，经过小心蒸馏可以将其较好地分离，得到如图 2.2(b) 所示的蒸馏曲线。当温度恒定时，收集到的馏出液是原来混合物中沸点较低的纯组分，第一个组分被蒸出后，继续加热，蒸汽温度将上升，随后第二个组分又以恒定温度被蒸出。如果混合物中所含的 B 组分很少，且沸点相差 30℃ 以上，也可以将二者较好地分离。当沸点相差不大时，要得到很好的分离效果，必须采用分馏的方法。

简单蒸馏是有机化学实验中最重要的基本操作之一，在实验室和工业生产中都有广泛的应用。其主要作用是：①分离沸点相差较大（通常要求相差 30℃ 以上）且不能形成共沸物的液体混合物；②除去液体中的少量低沸点或高沸点杂质；③测定液体的沸点；④根据沸点变化情况粗略鉴定液体的种类和纯度。但简单蒸馏的分离效果有限，不能用以分离沸点相近的液体混合物，也不能把共沸混合物中各组分完全分开。

2.3.2　蒸馏装置及安装

实验室中常用的简单蒸馏装置如图 1.3 所示，由热源、蒸馏瓶、蒸馏头、温度计、冷凝管、尾接管和接收瓶组成。

蒸馏瓶是根据待蒸液体的量来选择的，通常待蒸液体的体积不超过蒸馏瓶容积的 2/3，也不少于 1/3。如果装得太多，沸腾激烈时液体可能冲出，同时混合液体的小珠滴也可能被蒸汽带出，混入馏出液中，降低分离效率；如果装入液体太少，在蒸馏结束时，过大的蒸馏瓶中会容纳较多的气雾，相当于有一部分物料不能蒸出而使产品受到损失。

蒸馏头有传统型和改良型两种。传统型蒸馏头的支管直接从主管管体向斜下方伸出，与主管成约 70°的角；改良型蒸馏头的支管则先向斜上方伸出，然后再拐向斜下方，因而在加入液体时可避免液体沿内壁流进支管中去。但它们在应用性能上并无差别，因而不需特意选择。

温度计的选择，一般选比蒸馏液体的沸点高出 10～20℃（当蒸馏一个含有不同沸点的混合液时，温度计的选择应以沸点高的液体为准），但不宜高出太多。因一般温度计测温范围愈大，则精确度愈差。磨口温度计可以直接插入蒸馏头，普通温度计可以用螺旋接头固定在蒸馏头上口。温度计水银球的上限应和蒸馏头侧管的下限在同一水平线上。

冷凝管也是根据被蒸馏物的沸点选择的，同时适当考虑被蒸馏物的含量。通常低沸点、高含量的液体选用粗而长的冷凝管；但高沸点、低含量的液体则选用细而短的冷凝管。被蒸馏物的沸点在 140℃以上选用空气冷凝管，在 140℃以下则选用直形冷凝管。冷凝管中的水从下口进入，上口流出，保证冷凝管中始终充满水。如果被蒸馏物的沸点很低，也可选用双水内冷冷凝管，但一般不使用蛇形的或球形的冷凝管，如果必须使用，则应将蛇形的或球形的冷凝管竖直安装，而不能像直形冷凝管那样倾斜安装。

接收瓶可用容量合适的锥形瓶，取其口小、蒸发面小、易于加塞、同时易于放置桌上等特点。如遇易于挥发、易于着火或蒸汽有剧毒的物质，则应在冷凝管的出口处接一个三角吸滤瓶或蒸馏烧瓶作接收器。而在接收瓶的支管上接一橡皮管，通到水槽的出水管中，在蒸馏过程中水槽不断放水。如果蒸馏有毒的物质则全过程应在通风橱内进行。也可选用圆底瓶或锥形瓶，其大小取决于馏出液体的体积。如果蒸馏的目的仅在于除去液体中的少量杂质，或者为了从互溶的二元体系中分离出它的低沸点组分，则至少应准备两个接收瓶；如果是为了从三元体系中分离出沸点较低的两个组分，则至少应准备三个接收瓶，依此类推。接收瓶应洁净、干燥，预先称重并贴上标签，以便在接收液体后计算液体的质量。

安装仪器的顺序一般是自下而上，从左向右，拆卸仪器的程序和安装仪器的程序相反。蒸馏装置安装完毕应符合从正面看，温度计、蒸馏烧瓶、热源的中心轴线在同一条直线上，可简称为"上下一条线"。从侧面看，接收瓶、冷凝管、蒸馏烧瓶的中心轴线在同一平面上，即"左右共平面"。装置要稳固，磨口接头要连接严密，这样的蒸馏装置将具有实用、整齐、美观、牢固的优点。

2.3.3 蒸馏操作

将待蒸液体通过玻璃漏斗小心倒入蒸馏瓶中，不要使液体从支管流出。加入几粒沸石，如果是含有干燥剂的液体，则应用扇形滤纸过滤，然后加入助沸物，塞好温度计，注意温度计的位置并检查仪器接口是否严密。

用水冷凝管时，先打开冷凝水龙头缓缓通入冷水，然后开始加热。注意冷水自下而上，蒸汽自上而下，两者逆流冷却效果好。加热时可见蒸馏瓶中液体逐渐沸腾，蒸汽逐渐上升，温度计读数也略有上升。当蒸汽的顶端达到水银球部位时，温度计读数急剧上升。这时应适当调整热源温度，使升温速度略为减慢，蒸汽顶端停留在原处，使瓶颈上部和温度计受热，让水银球上液滴和蒸汽温度达到平衡。然后再稍稍提高热源温度，进行蒸馏（控制加热温度以调整蒸馏速度，通常以每秒 1～2 滴为宜）。在整个蒸馏过程中，应使温度计水银球上常有被冷凝的液滴。此时的温度即为液体与蒸汽平衡时的温度。温度计的读数就是液体（馏出液）的沸点。热源温度太高，使蒸汽成为过热蒸汽，造成温度计所显示的沸点偏高；若热源温度太低，馏出物蒸汽不能充分浸润温度计水银球，造成温度计读得的沸点偏低或不规则。

进行蒸馏前，至少要准备两个接收瓶，其中一个接收前馏分（或称馏头），另一个（需称重）用于接收预期所需馏分（并记下该馏分的沸程：即该馏分的第一滴和最后一滴时温度计的读数）。在达到化合物沸点之前，常有一些低沸点液体蒸出，这部分液体称为"前馏分"或"馏头"。前馏分蒸完，温度计读数上升并趋于稳定，更换接收瓶，记下开始接收该馏分和最后一滴的温度，这就是该馏分的沸程（沸点范围）。一般被蒸馏液中或多或少含有一些高沸点杂质，在需要的馏分蒸出后，若继续升高温度，温度计读数就会显著升高，若维持原来的加热温度，温度计读数会突然下降，不会再有馏出液，这时应停止蒸馏。即使瓶中剩余的少量液体仍然是所需的化合物，也不能蒸干，特别是蒸馏硝基化合物及容易产生过氧化物的溶剂时，切忌蒸干！以免发生蒸馏瓶破裂、爆炸等意外事故。

蒸馏完毕，应先移去火源，接着切断冷凝管的水源。待仪器冷却后，将蒸馏系统拆开。拆除仪器的顺序和安装时相反，先取下接收瓶，并注意保护好产品。拆除水冷凝管时，应先将与水龙头连接的橡皮管一端拔下，抬高出水管的橡皮管，将冷凝管中的水放净。用过的仪器应洗净，干燥，以备下次应用。

2.3.4　蒸馏中应注意的几个问题

（1）防止暴沸

暴沸是由过热现象造成的。暴沸时未经分离的液体混合物被直接冲入接收瓶中，从而降低了分离效果，严重时还可能冲脱仪器的连接部分，使液体溅出瓶外，造成危险。为了防止暴沸，在加热前必须在液体中加入"沸石"。如果蒸馏中途需要停顿，则在重新加热之前必须加入新的沸石。将素瓷片洗净烘干并捶成 1/4 颗绿豆大小的颗粒即为最常使用的沸石，也可用一端封闭、开口向下的一束毛细管代替沸石，它也可以像瓷片的粗糙表面一样为液体提供汽化中心。如果加热前忘了加沸石，液体已经过热而仍未沸腾，则应立即移去热源，待液体冷至其沸点以下，再加入沸石并重新加热，切不可在过热的液体中直接加入沸石。如果已经发生了暴沸，应立即移开火源，稍冷后将冲入接收瓶中的液体倒回蒸馏瓶中，加入沸石后再重新加热蒸馏。

（2）控制浴温

如采用浴液加热，则浴温一般超过被蒸馏物沸点 20～25℃为宜，最高不能高出 30℃。如浴温太低，则蒸馏太慢，甚至蒸不出来；如果过高，则蒸馏过快，分离效果不好，且易造成物料分解、仪器爆裂等事故。

（3）保持体系畅通

尾接管的支管应保持与大气畅通，否则会造成密闭系统而发生危险。在蒸馏易燃或有毒液体时，应在尾接管的支管上连接橡皮管，将产生的尾气导入水槽。如果蒸馏系统需避免潮气浸入，则应在支管上加置干燥管。

（4）控制冷却水进出量

一般说来，如被蒸馏液的沸点在 120～140℃之间，冷却水应开得很小，只要有冷却水缓缓流过夹套，即足以使管内气雾冷凝下来，如果冷却水开得过大，则由于管内外温差太大而可能造成冷凝管破裂；如被蒸馏液体沸点在 100℃左右，水可开到中速；沸点在 70℃以下时，通冷却水的速度宜快，以利充分冷却；如被蒸馏液沸点甚低，接近室温，则通过冷凝管的水需先用冰水浴冷却，并将接收瓶浸于冰浴中冷却，以避免过多的挥发损失。如果被蒸馏物沸点特别高，气雾在没有上升到蒸馏头的支管之前即冷却成液体流下，因而不能蒸出时可在蒸馏头的支管口以下部分缠上石棉绳，或以石棉布包裹，使液体在"保温"下蒸出。反之，当需要蒸馏大量低沸点液体时，可用竖直安装的蛇形或球形冷凝管代替倾斜安装的直形冷凝管。

（5）了解蒸馏物的性质

在蒸馏之前，必须查阅有关书籍、手册，尽可能多地了解被蒸馏物的物理性质和化学性质，针对不同情况采取相应的处理办法。例如，乙醚、四氢呋喃等久置可能形成过氧化物，故在蒸馏之前需先检查并除去，以免使过氧化物在蒸馏过程中浓缩而引起爆炸；多硝基化合物或肼类的溶液在浓缩到一定程度时也会造成爆炸，所以这样的溶液需在具有安全装置的通风橱中操作。大多数液体化合物虽然不具有爆炸性，但一般也不允许蒸干，因为温度的升高可能造成被蒸馏物的分解，影响产品纯度，也可能造成其他事故。

实验 1　工业乙醇的蒸馏

【实验目的】

1. 了解蒸馏的基本原理。

2. 掌握蒸馏的操作。

【试剂】

30.0mL 工业乙醇。

【实验步骤】

用量筒量取 30.0mL 工业乙醇，将工业乙醇通过玻璃漏斗小心倒入蒸馏瓶中，不要使液体从支管流出。投入 2～3 粒沸石，按从下到上，从左到右的顺序安装蒸馏装置。

先通入冷凝水，然后开始加热。加热时可见蒸馏瓶中液体逐渐沸腾，蒸汽逐渐上升，温度计读数也略有上升。当蒸汽的顶端达到水银球部位时，温度计读数急剧上升。这时应适当调整热源温度，使升温速度略为减慢，蒸汽顶端停留在原处，使瓶颈上部和温度计受热，让水银球上液滴和蒸汽温度达到平衡。然后再稍稍提高热源温度，进行蒸馏。调整热源温度，使馏出速度为每秒钟 1～2 滴。

当温度计读数上升至 77℃时，换上一个已经称过质量的洁净干燥的接收瓶，收集 77～79℃馏分。当蒸馏瓶中只剩下 0.5～1mL 液体时，停止蒸馏[1]。测量蒸馏所得乙醇的体积，计算回收率。

【注释】

[1]　如果维持原来的加热程度，不再有馏出液蒸出，温度计读数突然下降时，即可停止蒸馏，不应将瓶内液体完全蒸干，否则容易发生事故。

【思考题】

1. 什么叫沸点？液体的沸点和大气压有什么关系？文献上记载的某物质的沸点温度是否即为实验场所的沸点温度？

2. 为什么蒸馏时烧瓶所盛液体的量不应超过容积的 2/3，也不应少于 1/3？

3. 蒸馏时加入沸石的作用是什么？如果蒸馏前忘加沸石，能否立即将沸石加至将近沸腾的液体中？当重新进行蒸馏时，用过的沸石能否继续使用？

2.4　重结晶及过滤

有机反应生成的固体产物中常常含有杂质，杂质包括副产物、未反应完的原料、催化剂等，需选用合适的溶剂进行重结晶提纯。固体有机物在溶剂中的溶解度与温度有密切关系：一般是温度升高，溶解度增大。若把固体溶解在热的溶剂中达到饱和，冷却时由于溶解度降低，溶液变成过饱和而析出晶体。利用溶剂对被提纯物质及杂质的溶解度不同，可以使被提纯物质从过饱和溶液中析出。而让杂质全部或大部分仍留在溶液中（若杂质在溶剂中的溶解度极小，则配成饱和溶液后过滤除去），从而达到提纯目的。

假设一固体混合物由 9.5g 被提纯物 A 和 0.5g 杂质 B 组成，选择某溶剂进行重结晶，室温时 A、B 在此溶剂中的溶解度分别为 S_A 和 S_B，通常存在下列三种情况。

（1）室温下杂质较易溶解（$S_B > S_A$）

设在室温下 $S_B = 2.5g/100mL$，$S_A = 0.5g/100mL$，如果 A 在此沸腾溶剂中的溶解度为 9.5g/100mL，则使用 100mL 溶剂即可使混合物在沸腾时全溶。若将此滤液冷却至室温时可析出 9g A（不考虑操作上的损失）而 B 仍留在母液中，A 损失很小，即被提纯物回收率达到 94％。如果 A 在此沸腾溶剂中的溶解度为 47.5g/100mL，则只要使用 20mL 溶剂即可使混合物在沸腾时全溶，这时滤液可析出 9.4g A，B 仍可留在母液中，被提纯物的回收率高达 99％。由此可见，如果杂质在温度低时溶解度大而在产物温度低时溶解度小，或溶剂对产物的溶解性能随温度的变化大，都有利于提高回收率。

（2）杂质较难溶解（$S_B < S_A$）

设在室温下 $S_B = 0.5g/100mL$，$S_A = 2.5g/100mL$，A 在此沸腾溶剂中的溶解度仍为 9.5g/100mL，则在 100mL 溶剂重结晶后的母液中含有 2.5g A 和 0.5g（即全部）B，析出结晶 7g A，产物的回收率为 74％。但这时，即使 A 在沸腾溶剂中的溶解度更大，使用的溶剂也不能再少了，否则杂质 B 也会部分地析出，就需再次重结晶。如果混合物中杂质含量很多，则重结晶的溶剂量就要增加，或者重结晶的次数要增加，致使操作过程冗长，回收率极大地降低。

（3）两者溶解度相等（$S_A = S_B$）

设在室温下皆为 2.5g/100mL，若也用 100mL 溶剂重结晶，仍可得到 7g 纯 A。但如果这时杂质含量很多，则用重结晶分离产物就比较困难。在 A 和 B 含量相等时，重结晶就不能用来分离产物了。

从上述讨论中可以看出，在任何情况下，杂质的含量过多都是不利的（会影响结晶速度，甚至妨碍结晶的生成）。一般重结晶只适用于纯化杂质含量在 5％ 以下的固体有机混合物。对于杂质含量大的固体有机混合物直接重结晶是不适宜的，必须先采取其他方法如水蒸气蒸馏、减压蒸馏等初步提纯后再重结晶提纯。

在进行重结晶时，选择理想的溶剂是一个关键，理想的溶剂必须具备下列条件。

① 不与被提纯物质起化学反应。

② 在较高温度时能溶解多量的被提纯物质；而在室温或更低温度时，只能溶解很少量的该种物质。

③ 对杂质的溶解非常大或者非常小（前一种情况是使杂质留在母液中不随被提纯物晶体一同析出；后一种情况是使杂质在热过滤时被滤去）。

④ 容易挥发（溶剂的沸点较低），易于结晶分离除去。

⑤ 无毒或毒性很小，便于操作。

⑥ 价廉易得。

常用作重结晶的溶剂有水、乙醇、丙酮、乙酸乙酯、乙醚、石油醚、氯仿、苯、四氯化碳等。在几种溶剂都可作为重结晶所用溶剂时要根据被纯化固体的回收率、操作的难易、溶剂的毒性、易燃性和价格等多种因素综合考虑而定。

过滤一般有两个目的，一是滤除溶液中的不溶物得到溶液，二是去除溶剂（或溶液）得到结晶。常用过滤方法有以下三种。

（1）常压过滤

用内衬滤纸的锥形玻璃漏斗过滤，滤液靠自身的重力透过滤纸流下，实现分离。用圆锥形玻璃漏斗，将滤纸四折，放入漏斗内，其边缘比漏斗边缘略低，润湿滤纸。然后小心地向漏斗中倾入液体，液面应比滤纸边缘低一些。若沉淀物颗粒较小，可将溶液静置，使沉淀沉降，再小心地将上层清液倒入漏斗，最后将沉淀部分倒入漏斗。这样可以使过滤速度加快。

（2）减压过滤

用安装在抽滤瓶上铺有滤纸的布氏漏斗过滤，抽滤瓶支管与抽气装置连接，过滤在减压下进行，滤液在内外压差作用下透过滤纸流下，实现分离。减压过滤装置包括瓷质的布氏漏斗，抽滤瓶，安全瓶和水泵。过滤前，选好比布氏漏斗内径略小的圆形滤纸平铺在漏斗底部，用溶剂润湿，开启抽气装置，使滤纸紧贴在漏斗底。过滤时，小心地将要过滤的混合液倒入漏斗中，使固体均匀分布在整个滤纸面上，一直抽气到几乎没有液体滤出为止。为尽量除净液体，可用玻璃钉挤压滤饼。在停止抽滤时，先旋开安全瓶上的旋塞恢复常压，然后关闭水泵。在漏斗中洗涤滤饼的方法：把滤饼尽量地抽干、压干，旋开安全瓶上的旋塞恢复常压。把少量溶剂均匀地洒在滤饼上，使溶剂恰能盖住滤饼。静置片刻，使溶剂渗透滤饼，待有滤液从漏斗下端滴下时，重新抽气，再把滤饼尽量抽干，这样反复几次，就可把滤饼洗净。减压过滤的优点是过滤和洗涤速度快，液体和固体分离得较完全，滤出的固体容易干燥。

（3）加热过滤

用插有一个玻璃漏斗的铜制热水漏斗过滤。热水漏斗内外壁间的空腔可以盛水，加热使漏斗保温，使过滤在热水保温下进行。

实验 2　乙酰苯胺的重结晶

【实验目的】

1. 学习重结晶法提纯固态有机化合物的原理和方法。

2. 掌握抽滤、趁热过滤的操作和滤纸的放置方法。

【试剂】

乙酰苯胺（未精制）2g；活性炭。

【实验步骤】

将 2g 粗制的乙酰苯胺及 70mL 的水[1]加入 100mL 的烧杯中，加热至沸腾，并用玻璃棒不断搅拌，使固体溶解。若尚有未溶解的固体，可继续加入少量热水（每次加入 3～5mL），直至固体全溶为止。若加入溶剂，加热后不见未溶物减少，则可能是不溶性杂质，这时不必再加溶剂。移去热源，取下烧杯稍冷后再加入少量的活性炭[2]于溶液中，搅拌后，盖上表面皿，继续加热，微沸 5～10min。

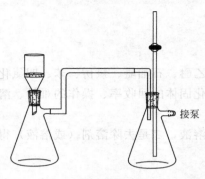

图 2.3　减压过滤装置

将抽滤瓶和布氏漏斗事先预热，选好比布氏漏斗内径略小的圆形滤纸平铺在漏斗底部，用溶剂润湿，开启抽气装置，使滤纸紧贴在漏斗，装置如图 2.3 所示，将上述热溶液分 2～3 次迅速滤入抽滤瓶中。不要用玻璃棒引流[3]，每次倒入的溶液不要太满，也不要等溶液全部滤完后再加，滤液无色透明。热过滤要准备充分，动作迅速，过滤过程中，要避免溶液冷却。若有少量晶体析出，可用少量热溶剂洗下，若较多，可用刮刀刮回原瓶，重新热过滤。

热过滤后，滤液在室温下放置，自然冷却[4]，待晶体析出后，减压过滤[5]，使结晶与母液尽量分开，停止抽滤，在布氏漏斗中加入少量水洗涤晶体 1～2 次，使晶体润湿，用玻璃棒搅松晶体，减压抽干。

取出晶体，放在表面皿上自然晾干，或红外灯下烘干，称量，计算回收率。

【注释】

[1]　溶剂用量影响产品纯度与收率：先加入比按溶解度计算量稍少些的溶剂，加热煮沸。若未全溶，可分批添加溶剂，每次均应加热煮沸至样品溶解，溶剂用量一般比需要量多 15%～20%，溶剂过量造成溶质损失，影响收率；溶剂过少，热过滤时因挥发、降温会使溶液过饱和，在滤纸上析出晶体，收率亦低。

[2]　活性炭可吸附色素及树脂状物质。应注意：a. 待化合物全部溶解后，稍冷却再加入活性炭，以免引起爆沸。b. 加入活性炭的量一般为粗品质量的 1%～5%，加入量多，活性炭将吸附一部分纯产品，加入量少，脱色不彻底。

[3]　一般不要用玻璃棒引流，以免加速降温，接收滤液的容器内壁不要紧贴漏斗颈，以免滤液降温析出晶体沿器壁堆积，堵塞漏斗口，使无法继续过滤。

[4]　自然冷却析出晶体，与不溶性杂质分离，结晶的大小与冷却的温度有关。一般迅速冷却并搅拌，往往得到细小晶体，表面积大，易吸附杂质，因此一般是自然冷却至室温析出较大晶体为宜。若冷却后无结晶析出，可用玻璃棒摩擦器壁或投入该化合物的晶体作为晶种，也可放置冰箱内较长时间，促使结晶析出。

[5]　析出的晶体与母液分离，常采用减压过滤。注意：a. 布氏漏斗，抽滤瓶，安全瓶，水泵，必须按要求连接紧密不漏气，布氏漏斗下端斜口应正对吸滤瓶测管。b. 滤纸要比布氏漏斗内径略小，但必须覆盖全部小孔，滤纸不能太大，否则易透滤。c. 要用母液全部转移晶体，并用洁净的玻璃钉挤压晶体，使母液尽量除去。d. 停止抽滤，用少量冷溶剂洗涤晶体 1～2 次，将晶体洗涤干净，减压抽干。

【思考题】

1. 用活性炭脱色为什么要等固体物质完全溶解后才加入？为什么不能在溶液沸腾时

加入？

2. 停止抽滤前，如不先拔除橡皮管就关住水泵会有什么问题产生？

3. 某一有机化合物进行重结晶，最适合的溶剂应该具有哪些性质？

2.5 简单分馏

利用分馏柱将液体混合物各组分分离开来的操作称为分馏。分馏是分离沸点相近的液体混合物的主要手段，特别是当需要分离的混合物量较大时往往是用其他方法所不能代替的，因而在实验室和工业生产中都有广泛的应用。

2.5.1 基本原理

如果液体 A 和液体 B 可以完全互溶，但不能缔合，也不能形成共沸物，则由 A 和 B 组成的二元液体体系的蒸气压行为符合拉乌尔定律。拉乌尔定律的表达式为：

$$p_A = p_A^* x_A \qquad p_B = p_B^* x_B$$

式中，p_A、p_B 分别为 A、B 的蒸气分压；p_A^*、p_B^* 分别为当 A 和 B 独立存在时在同一温度下的蒸气压；x_A、x_B 分别为 A 和 B 在该溶液中所占的摩尔分数。显然，$x_A < 1$，$p_A < p_A^*$，即在完全互溶的二元体系中各组分的蒸气分压低于它独立存在时在同一温度下的蒸气压。同理，对于液体 B 来说，也有 $p_B = p_B^* x_B < p_B^*$。设该二元体系的总蒸气压为 $p_总$，则有 $p_总 = p_A + p_B = p_A^* x_A + p_B^* x_B$。对体系加热，$p_A$ 和 p_B 都随温度升高而升高，当升至 $p_总$ 与外界压力相等时，液体沸腾。

根据道尔顿分压定律，气相中每一组分的蒸气压和它的摩尔分数成正比。因此在气相中各组分蒸气的成分为：

$$x_A^气 = \frac{p_A}{p_A + p_B} \qquad x_B^气 = \frac{p_B}{p_A + p_B}$$

由上式推知，组分 B 在气相和溶液中的相对浓度为：

$$\frac{x_B^气}{x_B} = \frac{p_B}{p_A + p_B} \times \frac{p_B^*}{p_B} = \frac{1}{x_B + \frac{p_A^*}{p_B^*} x_A}$$

由于该体系中只有 A、B 两个组分，所以 $x_A + x_B = 1$，若 $p_A^* = p_B^*$，则 $x_B^气 / x_B = 1$，表明这时液相的成分和气相的成分完全相同，这样 A 和 B 就不能用蒸馏（或分馏）的方法来分离。如果 $p_B^* > p_A^*$，则 $x_B^气 / x_B > 1$，表明沸点较低的 B 在气相中的浓度较其在液相中为大，占有较多的摩尔分数，在将此蒸汽冷凝后得到的液体中，B 的组分大于其在原来的液体中的组分。如果将所得的液体再进行汽化、冷凝，B 组分的摩尔分数又会有所提高。如此反复，最终即可将两组分分开，但如果用普通蒸馏的方法几乎是无法完成的。分馏就是利用分馏柱来实现这一"多次重复"的蒸馏过程。

2.5.2 简单分馏

（1）简单分馏柱

图 2.4 是实验室中常用的简单分馏柱，其中图 2.4(a) 为刺形分馏柱［又称韦氏（Vigreux）分馏柱］。它是一支带有数组向心刺的玻璃管，每组有三根刺，各组间呈螺旋状排列。优点是不需要填料，分馏过程中液体极少在柱内滞留，易装易洗，缺点是分离效率不

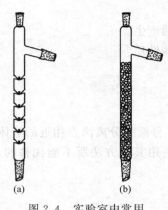

图 2.4　实验室中常用
的简单分馏柱

高。其中图 2.4(b) 为装有填料的分馏柱，直径 1.5～3.5cm，管长根据需要而定。填料可以是玻璃珠、玻璃管、陶瓷及金属丝绕成的小螺旋圈等。选择哪一种填料，视分馏的要求而定。

（2）简单分馏操作

实验室中常用的分馏装置见图 1.7。简单分馏操作和简单蒸馏大致相同。将待分馏的混合物放入圆底烧瓶中，加入沸石，装上普通分馏柱，插上温度计。分馏柱的支管和冷凝管相连，必要时可用石棉绳包绕分馏柱保温。温度计的安装高度应使其水银球的上沿与分馏柱支管口下沿在同一水平线上。

选用合适的热浴加热，液体沸腾后要注意调节浴温，使蒸汽慢慢升入分馏柱，约 10min 后蒸汽到达柱顶。开始有液体馏出时，调节浴温使蒸出液体的速度控制在 2～3s 一滴，这样可以得到较好的分馏效果。观察柱顶温度的变化，收集不同的馏分。

实验 3　甲醇水混合物的分馏

【实验目的】

1. 了解分馏的原理及其应用。

2. 学习实验室中常用的简单分馏操作。

【试剂】

25mL 甲醇。

【实验步骤】

在 100mL 的蒸馏烧瓶中加入 25mL 甲醇和 25mL 水的混合物，加入 2～3 粒沸石，按图 1.7 装好分馏装置。

用电热套缓慢加热，开始沸腾后，蒸汽缓慢进入分馏柱中，此时要仔细控制加热温度，使温度慢慢上升，以维持分馏柱中的温度梯度和浓度梯度。当冷凝管中有蒸馏液流出时，迅速记录温度计所示的温度。控制电热套电压，调节加热速度，使馏出液均匀地以 2～3s 1 滴的速度流出[1]。

当柱顶温度维持在 65℃时，大约收集 10mL 馏出液（A）。随着温度上升，再分别收集 65～70℃（B）、70～80℃（C）、80～90℃（D）、90～95℃（E）的馏分，瓶内所剩为残留液（F）。

分别量出不同馏分的体积，以馏出液体积为横坐标，各段温度的中值为纵坐标，绘制分馏曲线。

【注释】

[1]　分馏效果好坏与操作条件有直接关系，其中最主要的是控制馏出液流出速度，以 2～3s 1 滴为宜（1mL/min），不能太快，否则达不到分离要求。

【思考题】

1. 若加热太快，馏出液每秒钟的滴数超过要求量，用分馏法分离两种液体的能力会显著下降，为什么？

2. 什么是共沸混合物？为什么不能用分馏法分离共沸混合物？

3. 根据甲醇-水混合物的蒸馏曲线，哪一种方法分离混合物各组分的效率高？

2.6　减压蒸馏

减压蒸馏又称为真空蒸馏，是实验室分离和提纯有机化合物的一种重要方法，也是实验室常用的基本操作之一。由于在减压条件下，液体的沸点会减低，所以减压蒸馏适用于纯化高沸点液体或那些在常压蒸馏时未达到沸点即已受热分解、氧化或聚合的物质。

2.6.1　基本原理

液体的沸点是指它的蒸气压等于外界大气压时的温度，其随着外界压力的降低会降低的。减压蒸馏就是从蒸馏系统中连续地抽出气体，系统内维持一定的真空度，使液体表面压力降低，从而降低液体的沸点。

减压蒸馏时物质的沸点与压力有关。如果在文献中查不到与减压蒸馏选择的压力相对应的沸点，可根据下面的经验曲线（图 2.5），找出该物质在一定压力下的近似沸点。如一化合物常压下沸点为 200℃，在 20mmHg 压力下，它的沸点怎么计算那？先找到常压沸点为 200℃ 的点，再找到压力为 20mmHg 的点，两点连线，并在其延长线与左边的直线相交，交点所示温度即该压力下此化合物的沸点。

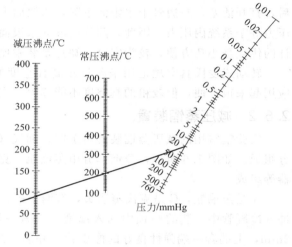

图 2.5　液体在常压下的沸点与减压下沸点的近似关系图
（注：1mmHg＝0.133kPa）

减压就是要使系统内维持一定的真空度，根据真空度的高低可分为粗真空度（$1.333 \sim 100$kPa，即 $10 \sim 760$mmHg）、中真空度（$0.133 \sim 133.3$Pa，即 $0.001 \sim 1$mmHg）和高真空度（< 0.133Pa，即 $< 10^{-3}$ mmHg）。在有机化学实验中，一般用不到高真空的条件，绝大多数有机液体都可以在粗中空或中真空条件下，在不太高的温度下被蒸馏出来。减压蒸馏一般选择使液体在 $50 \sim 100$℃ 间沸腾，再确定所需真空度，这样对热源没有苛刻的要求，蒸汽的冷凝也简单。如果所用真空泵达不到所需真空度，也可以让液体在 100℃ 以上沸腾；如果液体对热敏感，则可以使用更高的真空度，以使其沸点降得更低一些。

粗真空度和中真空度都是采用水银温度计来测量的。下面是两种实验室常见的水银压力计：开口式水银压力计（图 2.6）和封闭式水银压力计（图 2.7），都是从装在玻璃管中水银柱的高度来读数的，读得的数值为毫米汞柱（mmHg）。

开口式水银压力计是一支两端开口的 U 形玻璃管，内装水银。工作时与真空系统相连的一端液面上升，另一端液面下降。两液面的高度差即为大气压与系统压力之差，用大气压减去该差值即得系统内的压力。开口式水银温度计优点是量压准确且装水银较容易，缺点是压力计两臂长度均需超过 760mm，装载水银较多，比较笨重，且水银蒸汽易逸散到空气中去，不安全。封闭式水银压力计是玻璃管弯制的 U 形管，右边接真空系统。接入真空系统

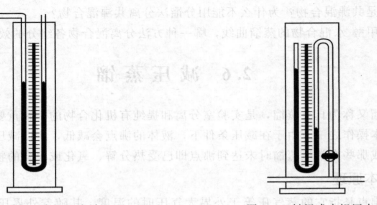

图 2.6　开口式水银压力计　　　　　图 2.7　封闭式水银压力计

后，打开活塞，左边管中水银面下降，水银面上压力为零，右边管中水银面上升，水银面上压力等于系统内压力。因此，两管内液面水银面高度之差即为系统内压力。封闭式水银温度计的优点是小巧方便，较为安全，缺点是装汞比较麻烦。

转动式麦氏真空规是用来测量较高真空度的压力表，使用范围为 $10^{-2} \sim 10^{-6}$ mmHg，应用起来很方便，但较粗的真空度不能读出，实验室应用不多，这里不做详细介绍。

2.6.2　减压蒸馏装置

实验室常用的减压蒸馏装置由蒸馏、抽气（即减压）和它们之间的保护和测压装置四部分组成。如图 1.6 所示，蒸馏部分由蒸馏瓶、克氏蒸馏头、毛细管、温度计及冷凝管、接收器等组成。

A 是蒸馏瓶，C 是克氏蒸馏头，有两个颈，是为了避免减压蒸馏时瓶内液体由于沸腾而冲入冷凝管中。瓶的一颈中插入温度计，另一颈中插入一根毛细管 D，离蒸馏瓶底约 1～2mm，上端套一端弹性良好的橡皮管，并装上螺旋夹调控进入空气的量，使有极少量的空气进入液体，呈微小气泡冒出，作为液体沸腾的汽化中心，使蒸馏平稳进行。接收瓶 B 和蒸馏瓶 A 可用圆底烧瓶、尖底瓶或梨形瓶，但不可用平底烧瓶或锥形瓶，因平底玻璃容器不耐压。蒸馏时如果有几种不同的馏分，可用多股尾接管，转动多股尾接管就可以使不同馏分进入不同的接收瓶。在蒸馏部分和水泵或油泵之间安装的是安全瓶 E 和压力计 F。安全瓶一般是配有双孔塞的抽滤瓶，一孔与支管组成抽气通路，另一孔安装两通活塞，其活塞以上部分拉成毛细管。安全瓶的作用：①在减压蒸馏开始阶段调节系统内的压力，使之稳定在所需真空度；②避免倒吸。压力计是测量系统内压力的，如果不需要测压，可以不安装压力计。

实验室通常用水泵或油泵进行减压。如果有挥发性的有机溶剂、水或酸的蒸汽，一般要先用水泵进行减压，必要时再用油泵减压。因为酸性蒸汽会腐蚀油泵的机件，而水蒸气或有机溶剂等都会影响油泵的真空效能。因此，使用油泵时要注意油泵的保护。油泵与压力计 F 之间一般还要安装冷却阱和四个干燥塔。冷却阱通常常于装有冷却剂的广口保温瓶中，将沸点较低、在冷凝管中未能及时冷凝下来的蒸汽进一步冷却液化，以免进入油泵。冷却剂可以用冰水、冰盐、干冰或氯化钙-碎冰，甚至液氮，根据具体蒸馏物质选用合适的冷却剂。四个干燥塔依次装无水氯化钙（吸收水汽）、粒状氢氧化钠（吸收水汽及酸雾）、变色硅胶（吸收水汽并指示系统的干燥程度）和块状石蜡（吸收有机气体）。

目前在实验室中，一般采用简化的减压蒸馏装置。①用磁力搅拌代替毛细管。减压蒸馏中，毛细管的作用是一方面提供汽化中心，防止暴沸，另一方面还可经毛细管导入惰性气体，以防止一些易氧化化合物在减压蒸馏过程中被氧化。磁力搅拌下减压蒸馏可以提供汽化中心，防止暴沸，能满足大多数实验的要求，但不能提供惰性气体保护。②用高效冷却代替干燥塔。干燥塔的作用是吸收水汽、酸雾和有机气体，以免污染泵油。使用高效冷却剂，可以使这些气体冷凝而停留在冷却阱中，从而省去装置中的干燥塔。

2.6.3 减压蒸馏操作

当被蒸馏物中含有低沸点物质时，应先进行普通蒸馏除去低沸点物质，如果被蒸馏物对水不敏感，可先用水泵减压蒸馏，最后再用油泵进行减压蒸馏。

进行减压蒸馏时，蒸馏瓶中待蒸液体的体积不能超过容积的 1/2，按照图 1.6 搭好装置后，夹紧毛细管上的螺旋夹，打开安全瓶上的两通活塞，开泵抽气，缓缓关闭安全瓶上的两通活塞，调整毛细管上的螺旋夹，使毛细管下端有成串的小气泡冒出。抽气两三分钟后，再慢慢打开压力计活塞，观察达到的真空度。如果没有达到预期的真空度，要检查各部分连接是否紧密，磨口处漏气一般是因夹有固体微粒或对接不同轴造成的，应将磨口擦净，涂抹凡士林，调整对接角度，旋转至透明即可。

体系压力稳定后，开启冷凝水，选用合适的热浴加热。加热时烧瓶的球形部分至少应有 2/3 浸入热浴液体中，但注意不要使瓶底和浴底接触。缓慢升温，热浴液体温度一般要比被蒸馏液体的沸点约高 20～30℃，使液体保持平稳地沸腾，使馏出液流出的速度 1～2 滴/秒。在蒸馏过程中，应注意压力计的读数，记录下时间、压力、液体沸点、热浴温度和馏出液流出的速度等数据。若开始馏出液的沸点比所需馏分沸点低时，则当达到预期的温度时更换接收器。

蒸馏完毕，先停止加热，撤去热浴，再慢慢地打开安全瓶上的两通活塞，使仪器装置与大气相通。进行该操作须特别小心，一定要慢慢地旋开活塞，使压力计中汞柱慢慢地回复到原状，如果引入空气太快，汞柱会出现断裂，而在封闭式汞压力计中很快地上升，有冲破 U 形管压力计的可能。然后关闭真空泵，待仪器装置内的压力与大气压力相等后，再拆卸仪器。

减压蒸馏操作中需要注意的问题：①体系压力稳定且毛细管下端有成串的小气泡冒出时才能加热；②压力计的活塞在需要读数时才打开，读完数后立即关闭；③蒸馏过程中需要中断时，须先灭去火源，撤去热浴，待稍冷后再解除真空，使体系内外压力平衡后，再关闭油泵。否则，体系中压力较低，油泵中的油有吸入干燥塔的可能。

实验 4 呋喃甲醛的减压蒸馏

【实验目的】
1. 学习减压蒸馏的基本原理。
2. 掌握减压蒸馏的方法和实验技术。

【试剂】
呋喃甲醛。

【实验步骤】
选用 100mL 蒸馏瓶、温度计、直形冷凝管、双股尾接管、10mL（前馏分接收瓶）和

50mL 圆底烧瓶（呋喃甲醛接收瓶），按照图 1.6 组装好，以水浴为热浴。所有的仪器应该干燥洁净，各磨口对接处需涂抹一层薄薄的凡士林并旋转至透明。

检查装置的气密性后，将克氏蒸馏头上口的橡皮塞连同毛细管一起拔下，注意不要碰断毛细管，通过三角漏斗加入 40mL 呋喃甲醛[1]，取下三角漏斗，重新装好毛细管。

夹紧毛细管上的螺旋夹，打开安全瓶上的活塞，开泵抽气后缓缓关闭安全瓶上的活塞。调节毛细管上的螺旋夹，使毛细管下端有成串的小气泡冒出。调节安全瓶上的活塞，使体系内的压力在 48mmHg 柱附近并稳定下来。

压力稳定后，开启冷凝水并通过水浴缓缓加热。当开始有液体馏出时，用 10mL 圆底烧瓶接收前馏分，调节水浴温度使馏出速度为 1～2 滴/秒。当温度上升至 75℃左右并稳定下来时，旋转双股尾接管换用 50mL 圆底烧瓶接收馏分呋喃甲醛[2]，仍维持馏出速度为 1～2 滴/秒。当温度计示数发生明显变化时，停止蒸馏。如果温度计读数一直恒定不变，则当蒸馏瓶中剩余 1～2mL 残液时也应停止蒸馏。

移去水浴，稍冷后关闭冷凝水，旋开毛细管上的螺旋夹，缓缓打开安全瓶上的活塞解除真空，再关闭水泵或油泵。然后按照与安装时相反的次序依次拆除仪器，取下接收瓶时要小心取下并放置妥当，以防收集馏分损失。

计量所收集呋喃甲醛的体积，计算呋喃甲醛的回收率。

【注释】

[1]　呋喃甲醛，亦称糠醛，无色液体，沸点 161.7℃，久置会被空气氧化为棕褐色甚至是黑色，并且往往含有水分，所以在使用前常需蒸馏纯化。由于其易于氧化，所以一般采用减压蒸馏纯化，以使其在较低温度蒸出。

[2]　如果刚开始出液时的温度记载预期沸点附近且很稳定，也应将最初接得的一两滴液体作为前馏分舍去。

【思考题】

1. 具有什么性质的有机化合物需要通过减压蒸馏进行纯化？
2. 进行减压蒸馏时，需要哪些吸收和保护装置？其作用是什么？
3. 减压蒸完所需化合物后，应该如何停止减压蒸馏？

2.7　水蒸气蒸馏

将水蒸气通入到含有机物的混合物中，使其沸腾，某些有机物随着水一起蒸馏出来的操作或过程称作水蒸气蒸馏。水蒸气蒸馏是用来分离和提纯液态或固态有机化合物的一种方法。常用于下列几种情况：①某些高沸点的有机物，常压蒸馏分离时部分分解；②混合物中含有大量树脂状杂质或不挥发性杂质，采用蒸馏、萃取等方法都难以分离出所需组分；③从较多固体反应物中分离出被吸附的液体。

被提纯物质必须具备以下几个条件：①不溶或难溶于水；②共沸腾下与水不发生化学反应；③在 100℃左右时，必须具有一定的蒸气压［至少 666.5～1333Pa（5～10mmHg）］。

当与水不相混溶的有机物与水一起存在时，整个系统的蒸气压，根据分压定律，应为各组分蒸气压之和。即

$$p = p_{H_2O} + p_A$$

式中 p，为总蒸气压；p_{H_2O} 为水蒸气压；p_A 为与水不相溶物或难溶物质的蒸气压。

当总蒸气压 p 与大气压力相等时，则液体沸腾。显然，混合物的沸点低于任何一个组分的沸点，即有机物可在比其沸点低得多的温度，而且在低于 100℃ 的温度下随水一起蒸馏出来。注意：例如在制备苯胺时（苯胺的 bp 为 184.4℃），将水蒸气通入含苯胺的反应混合物中，当温度达到 98.4℃ 时，苯胺的蒸气压为 5652.5Pa，水的蒸气压为 95427.5Pa。两者总和接近大气压力，于是，混合物沸腾，苯胺就随水蒸气一起被蒸馏出来。

实验室常用的水蒸气蒸馏装置见图 1.5。包括水蒸气发生器、蒸馏部分、冷凝部分和接收器四个部分。

水蒸气发生器、蒸馏部分采用三口圆底烧瓶，水蒸气发生器一口活塞用来除去水蒸气，有时在操作发生不正常的情况时，可使水蒸气发生器与大气相通。被蒸馏的液体体积不能超过其容积的 1/3，用蒸馏头或蒸馏弯头导出蒸汽，这样可以避免由于蒸馏时液体跳动十分剧烈而引起液体冲出，以至沾污馏出液。

通过水蒸气发生器安全管中水位的高低，可以判断整个水蒸气蒸馏系统是否畅通。若水面上升很高，则说明某一部分阻塞住了，这时应立即开三口烧瓶一口活塞，移去热源，拆下装置进行检查（一般多数是水蒸气导入管出口被树脂状物质或者焦油状物所堵塞）和处理，否则，就有可能发生塞子冲出、液体飞溅的危险。

在水蒸气发生瓶中，加入约占容器 3/4 的热水，待检查整个装置不漏气（怎样检查？）后，加热至沸腾。当有大量水蒸气产生从三口烧瓶一口冲出时，立即塞上活塞，水蒸气便进入蒸馏部分，开始蒸馏。在蒸馏过程中，如由于水蒸气的冷凝而使烧瓶内液体量增加，以至超过烧瓶容积的 2/3 时，或者蒸馏速度不快时，可将蒸馏部分用电热套辅助加热。要注意瓶内沸腾现象，如沸腾剧烈，则不应加热，以免发生意外。蒸馏速度为 2～3 滴/s。

在蒸馏过程中，必须经常检查安全管中的水位是否正常，有无倒吸现象，蒸馏部分混合物溅飞是否厉害。一旦发生不正常，应立即打开水蒸气发生器一口活塞，移去热源，查找原因排除故障后，方可继续蒸馏。

当馏出液无明显油珠时，便可停止蒸馏，此时必须先打开活塞，然后移开热源，以免发生倒吸。

伴随水蒸气蒸馏出的有机物和水，两者的质量比 m_A/m_{H_2O} 等于两者的分压（p_A 和 p_{H_2O}）和两者的相对分子质量（M_A 和 M_{H_2O}）的乘积之比，因此在馏出液中有机物质同水的质量比可按下式计算：

$$\frac{m_A}{m_{H_2O}} = \frac{M_A \times p_A}{18 \times p_{H_2O}}$$

例如水蒸气蒸馏苯胺

$$p_{H_2O} = 95427.5Pa, \quad p_{苯胺} = 5652.5Pa, \quad M_{H_2O} = 18, \quad M_{苯胺} = 93$$

代入上式：

$$\frac{m_{苯胺}}{m_{H_2O}} = \frac{5652.5 \times 93}{95427.5 \times 18} = 0.31$$

所以馏出液中苯胺的含量为

$$\frac{0.31}{1+0.31} \times 100\% = 23.7\%$$

这个数值为理论值，因为实验时有相当一部分水蒸气来不及与被蒸馏物作充分接触便离开蒸馏烧瓶，同时，苯胺微溶于水。所以实验蒸出的水量往往超过计算值，故计算值仅为近似值。又例如，用水蒸气蒸馏 1-辛醇和水的混合物，1-辛醇的沸点为 195.0℃，1-辛醇与水的混合物在 99.4℃沸腾，纯水在 99.4℃时的蒸气压约为 98952Pa，在此温度下 1-辛醇的蒸气压约为 2128Pa，1-辛醇的分子量为 130，在馏出液中 1-辛醇与水的质量比等于

$$\frac{m_A}{m_{H_2O}} = \frac{2128 \times 130}{98952 \times 18} = 0.155$$

每蒸出 0.155g 1-辛醇，伴随蒸出 1g 水，即馏出液中水占 87%，1-辛醇占 13%。

实验 5　苯胺和 1-辛醇的水蒸气蒸馏

【实验目的】

1. 了解水蒸气蒸馏的原理及应用范围。

2. 认识水蒸气蒸馏的主要仪器，熟悉与掌握水蒸气蒸馏的装置及操作方法。

【试剂】

1-辛醇；苯胺；碳酸钠。

【实验步骤】

取 4.0g 1-辛醇与 4.0g 苯胺混合液加入三颈瓶中（图 1.5），进行水蒸气蒸馏[1]，当馏出液无明显油珠时，停止蒸馏，分出有机层，记录有机层的质量。

取 4.0g 1-辛醇与 4.0g 苯胺混合液加入三颈瓶中，加入浓盐酸至酸性，进行水蒸气蒸馏，当馏出液无明显油珠时，停止蒸馏，分出有机层，记录有机层和水层的质量。将蒸馏残液转移到 250mL 烧杯中，用固体碳酸钠中和至碱性，再将此液体进行水蒸气蒸馏，当馏出液无明显油珠时，停止蒸馏，分出有机层，记录有机层和水层和质量。

计算 1-辛醇与水的质量比，苯胺与水的质量比，馏出液中 1-辛醇的含量，馏出液中苯胺的含量。

【注释】

[1]　进行水蒸气蒸馏时，加热水蒸气发生器直至接近沸腾后，才将一口活塞塞紧，使水蒸气均匀地进入圆底烧瓶。为了使蒸汽不致在反应瓶中冷凝而使体积增加，必要时可在反应瓶下置一热源加热。必须控制加热速度，使蒸气能全部在冷凝管中冷凝下来。如果随水蒸气挥发的物质具有较低的熔点，在冷凝后易于析出固体，则应调小冷凝水的流速，使它冷凝后仍然保持液态。假如已有固体析出，并且接近阻塞时。可暂时停止冷却水的流通，甚至需要将冷凝水暂时放去，以使物质熔融后随水流入接收器中。如果冷凝管已被阻塞，应立即停止蒸馏，并设法疏通（如用玻璃棒将阻塞的晶体捅出或用电吹风的热风吹化结晶，也可在冷凝管夹套中灌以热水使之熔出）。在蒸馏过程中，如发现安全管中的水位迅速上升，则表示系统中发生了堵塞。此时应立即打开螺旋夹，然后移去热源。待排除了堵塞后再继续进行水蒸气蒸馏。

【思考题】

1. 进行水蒸气蒸馏时，蒸气导入管的末端为什么要插入到接近容器的底部？

2. 在水蒸气蒸馏过程中，要经常检查什么事项？若安全管中水位上升很高时，说明什

么问题？如何处理才能解决呢？

　　3. 为什么用水蒸气蒸馏法分离 1-辛醇与苯胺混合液要经过加酸和碱处理？

2.8　萃　取

　　萃取是提取和纯化有机化合物的常用手段。它是利用物质在两种不互溶（或微溶）溶剂中溶解度或分配比的不同来达到分离、提取或纯化目的。萃取率为萃取液中被萃取物质与原溶液中该物质的量之比。萃取率越高，表示萃取过程的分离效果越好。

　　萃取的主要理论依据是分配定律。物质在不同的溶剂中有着不同的溶解度，这可用与水不互溶（或微溶）的有机溶剂从水中萃取有机化合物来说明。将含有机化合物的水溶液用有机溶剂萃取时，有机化合物就在两液相间进行分配。在一定温度下，此有机化合物在有机相中和在水相中的浓度之比为一常数，此即所谓"分配定律"。假如一物质在两液相 A 和 B 中的浓度分别为 c_A 和 c_B，则在一定温度下，$c_A/c_B = K$，K 是一常数，称为"分配系数"，它可以近似地看作此物质在两溶剂中的溶解度之比。

　　要把所需要的化合物从溶液中完全萃取出来，通常萃取一次是不够的，必须重复萃取数次。利用分配定律的关系，可以算出经过萃取后化合物的剩余量。

　　设：V 为原溶液的体积，m_0 为萃取前化合物的总质量，m_1 为萃取一次后化合物剩余量，m_2 为萃取两次后化合物剩余量，m_n 为萃取 n 次后化合物剩余量，V_e 为萃取溶剂的体积。经一次萃取，原溶液中该化合物的质量浓度为 m_1/V，而萃取溶剂中该化合物的质量浓度为 $(m_0-m_1)/V_e$，两者之比等于 K，即

$$\frac{m_1/V}{(m_0-m_1)/V_e}=K \quad 或 \quad m_1=m_0\frac{KV}{KV+V_e}$$

设 m_2 为萃取两次后水中化合物的剩余量，则有：

$$\frac{m_2/V}{(m_1-m_2)/V_e}=K \quad 或 \quad m_2=m_1\frac{KV}{KV+V_e}=m_0\left(\frac{KV}{KV+V_e}\right)^2$$

显然，萃取 n 次后的剩余量 m_n 应为

$$m_n=m_0\left(\frac{KV}{KV+V_e}\right)^n$$

由于上式 $KV/(KV+V_e)$ 总是小于 1，所以 n 越大，m_n 就越小。也就是说把溶剂分成多次萃取的效果比用全部量的溶剂作一次萃取更好。但应该注意，上面的式子仅适用于几乎和水不互溶的溶剂，例如苯、四氯化碳或氯仿等。而与水有少量互溶的溶剂如乙醚等，上面的式子只是近似的，但也可以定性地预测其萃取效果。

　　在实验中用得最多的是水溶液中物质的萃取。最常使用的萃取器皿为分液漏斗。操作时应选择容积较液体体积大一倍以上的分液漏斗，把活塞擦干，在离活塞孔稍远处薄薄地涂上一层润滑脂（注意切勿涂得太多或使润滑脂进入活塞孔中，以免玷污萃取液），塞好后再把活塞旋转几圈，使润滑脂均匀分布，看上去透明即可。一般在使用前应于漏斗中放入水振荡，检查塞子与活塞是否渗漏，确认不漏水时方可使用。然后将漏斗放在固定在铁架上的铁圈中，关好活塞，将要萃取的水溶液和萃取剂（一般为溶液体积的1/3）依次自上口倒入漏斗中，塞紧塞子（注意塞子不能涂润滑脂）。取下分液漏斗，用右手手掌顶住漏斗顶塞并握住漏斗，左手握住漏斗活塞处，大拇指压紧活塞，把漏斗放平前后摇振（见图 2.8）。在开

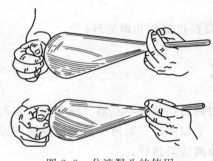

图 2.8　分液漏斗的使用

始时，摇振要慢。摇振几次后，将漏斗的上口向下倾斜，下部支管指向斜上方（朝向无人处），左手仍握在活塞支管处，用拇指和食指旋开活塞，从指向斜上方的支管口释放出漏斗内的压力，也称"放气"。以乙醚萃取水溶液中的物质为例，在振摇后乙醚可产生 $40\sim66.7\text{kPa}$ 的蒸气压，加上原来空气和水的蒸气压，漏斗中的压力就大大超过了大气压。如果不及时放气，塞子就可能被顶开而出现喷液。待漏斗中过量的气体逸出后，将活塞关闭再行振摇。如此重复至放气时只有很小压力后，再剧烈振摇 $2\sim3\text{min}$，然后再将漏斗放回铁圈中静置，待两层液体完全分开后，打开上面的塞子，再将活塞缓慢旋开，下层液体自活塞放出。分液时一定要尽可能分离干净，有时在两相间可能出现一些絮状物也应同时放去。然后将上层液体从分液漏斗的上口倒出，切不可也从活塞放出，以免被残留在漏斗颈上的第一种液体所玷污。将水溶液倒回分液漏斗中，再用新的萃取剂萃取。为了弄清楚哪一层是水溶液，可任取其中一层的小量液体，置于试管中，并滴加少量自来水，若分为两层，说明该液体为有机相。若加水后不分层，则是水溶液。萃取次数取决于分配系数，一般为 $3\sim5$ 次，将所有的萃取液合并，加入适量的干燥剂干燥。然后蒸去溶剂，萃取所得的有机物视其性质可利用蒸馏、重结晶等方法纯化。

在萃取时，可利用"盐析效应"，即在水溶液中先加入一定量的电解质（如氯化钠），以降低有机物在水中的溶解度，提高萃取效果。

上述操作中的萃取剂是有机溶剂，它是根据"分配定律"使有机化合物从水溶液中被萃取出来。另外一类萃取原理是利用它能与被萃取物质起化学反应。这种萃取通常用于从化合物中移去少量杂质或分离混合物，操作方法与上面所述相同，常用的这类萃取剂如 5%氢氧化钠水溶液，5%或 20%的碳酸钠、碳酸氢钠溶液，稀盐酸、稀硫酸及浓硫酸等。碱性的萃取剂可以从有机相中移出有机酸，或从溶于有机溶剂的有机化合物中除去酸性杂质（使酸性杂质形成钠盐溶于水中）。稀盐酸及稀硫酸可从混合物中萃取出有机碱性物质或用于除去碱性杂质。浓硫酸可应用于从饱和烃中除去不饱和烃，从卤代烷中除去醇及醚等。

在萃取时，特别是当溶液呈碱性时，常常会产生乳化现象。有时由于存在少量轻质的沉淀、溶剂互溶、两液相的相对密度相差较小等原因，也可能使两液相不能很清晰地分开，这样很难将它们完全分离。用来破坏乳化的方法有以下几点：①较长时间静置；②若因两种溶剂（水与有机溶剂）能部分互溶而发生乳化，可以加入少量电解质（如氯化钠），利用盐析作用加以破坏；在两相相对密度相差很小时，也可以加入食盐，以增加水相的相对密度；③若因溶液碱性而产生乳化，常可加入少量稀硫酸或采用过滤等方法除去。此外根据不同情况，还可以加入其他破坏乳化的物质如乙醇、磺化蓖麻油等。

萃取溶剂的选择要根据被萃取物质在此溶剂中的溶解度而定，同时要易于和溶质分离开。所以最好用低沸点的溶剂。一般水溶性较小的物质可用石油醚萃取；水溶性较大的可用苯或乙醚；水溶性极大的用乙酸乙酯等。第一次萃取时，使用溶剂的量，常要较以后几次多一些，这主要是为了补足由于它稍溶于水而引起的损失。当有机化合物在原溶剂中比在萃取剂中更易溶解时，就必须应用大量溶剂并多次萃取。

实验 6　对甲苯胺、β-萘酚和萘的分离

【实验目的】

1. 学习萃取的基本原理。

2. 掌握液液萃取的方法和实验技术。

【试剂】

对甲苯胺；β-萘酚；萘；乙醚；氢氧化钠；浓盐酸。

【实验步骤】

将 2g 三组分[1]混合物样品（其中含对甲苯胺、β-萘酚和萘[2]）溶于 20mL 乙醚中，然后将溶液转入 100mL 分液漏斗中，加入 2mL 浓盐酸溶解在 16mL 水中的溶液，并充分摇荡，静置分层后，放出下层液体（水溶液）于锥形瓶中。再用第二份酸溶液萃取一次。最后用 8mL 水萃取，以除去可能溶于乙醚层过量的盐酸，合并三次酸性萃取液，放置待处理。

剩下的乙醚溶液用 10%氢氧化钠溶液萃取（6mL×2），再用 8mL 水萃取一次，合并在碱性溶液，放置待处理。

剩下的乙醚溶液（其中含哪一种组分？）从分液漏斗上部倒入一锥形瓶中，加适量无水氯化钙不时振荡 15min。然后将乙醚溶液滤入一已知质量的圆底烧瓶中，用水浴蒸馏并回收乙醚，称重残留物（为哪种组分？），同时测定其熔点。

在搅拌下向酸性萃取液中滴加 10%氢氧化钠溶液至其对石蕊试纸呈碱性。然后用乙醚（15mL×2）萃取碱液。合并乙醚萃取液，用粒状氢氧化钠干燥 15min。然后将乙醚溶液滤入一已称重的圆底烧瓶或锥形瓶中，用水浴蒸馏并回收乙醚。称重残留物（为哪种组分？），并测定其熔点。

在搅拌下向碱性溶液中缓缓滴加浓盐酸，直到溶液对石蕊试纸呈酸性为止。在中和过程中外部用冷水浴冷却，至终点时有白色沉淀析出，抽滤，回收 β-萘酚，干燥后称重并测定熔点。

必要时，每种组分可进一步重结晶，以获得熔点敏锐的纯品。

【注释】

[1]　本实验中，可随意分配给每个学生一种三组分混合物，其中含有一种碱、一种酸、一种中性化合物。除上面一组化合物之外，可用苯甲酸（mp：122℃）、肉桂酸（mp：133℃）、联苯（mp：70℃）、对二氯苯（mp：53℃）、对氯苯胺（mp：72℃）与间硝基苯胺（mp：111℃）等。学生可以从它们的熔点来鉴定所给混合物的各种组分。

[2]　对甲苯胺，β-萘酚和萘的结构及熔点如下：

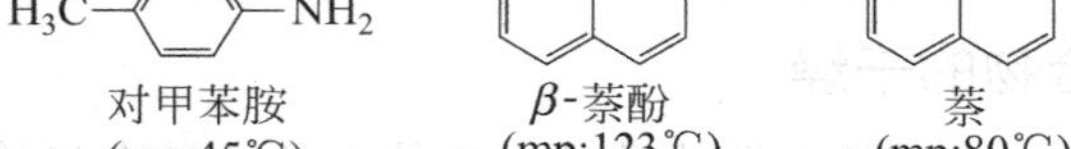

対甲苯胺　　　　β-萘酚　　　　萘
(mp:45℃)　　　(mp:123℃)　　　(mp:80℃)

【思考题】

1. 此三组分分离实验中，利用了什么性质？在萃取过程中各组分发生的变化是什么？写出分离提纯的流程图。

2. 若分别用乙醚、氯仿、己烷、苯萃取水溶液，它们将在上层还是下层？

2.9　干燥和干燥剂

干燥是在有机实验中，用以除去试剂及产品中的少量水分和有机溶剂的最常用的方法。

某些有机化学反应，需要在"绝对"无水的条件下进行，如格氏反应、用氢化铝锂还原等，不仅所用仪器要干燥，所用的试剂及溶剂也要干燥，其干燥的程度对实验的成败影响极大。甚至在实验过程中还应采取必要措施，防止空气中的湿气进入反应体系中。

萃取或洗涤得到的液体有机化合物，在用蒸馏进一步纯化之前，也常常需要用干燥的方法除去水分，以保证纯化的效果。

在对有机化合物进行熔点测定，波谱分析或定性、定量的化学分析之前，为保证结果的准确性也必须使样品干燥。

干燥的方法，大致可分为物理方法和化学方法两种。

化学方法是用干燥剂来除水，按其除水的机制又可将干燥剂分为两类。

（1）能与水可逆地结合，生成水合物的干燥剂。如无水氯化钙、无水硫酸镁等。由于它与水的结合是可逆的，故形成水合物达到平衡需要一个过程。因此，加入干燥剂后，最少要放置两小时或再长一些时间，通常的做法是放置过夜。此外，温度升高会使平衡向脱水的方向移动，所以在进行需要加热的操作（如蒸馏）前，必须将干燥剂滤去。

（2）能与水发生化学反应生成新化合物的干燥剂。如金属钠、五氧化二磷等。由于这类干燥剂与水的结合是不可逆的，因此，在进行加热操作前不必滤去。

物理方法有吸附、冷冻、分馏、加热和利用共沸点蒸馏把水分带走等方法。近年来还常用离子交换树脂和分子筛来进行脱水干燥。

离子交换树脂是一种不溶于水、酸、碱和有机溶剂的高分子聚合物。如苯磺酸钾型离子交换树脂，内有很多孔隙，可以吸附水分子。使用后可将其加热至 150℃ 以上，被吸附的水就释放出来，可重新使用。

分子筛是有均一微孔结构而能将不同大小的分子分离的固体吸附剂。分子筛可由沸石（又称沸泡石，是许多含水的钙、钠以及钡、锶、钾的硅酸盐矿物的总称）除去结晶水制得，微孔的大小可在加工沸石时调节。如 4A 型分子筛是一种硅铝酸钠，微孔的表观直径大约为 4.5Å，能吸附直径约为 4Å 的分子；又如 5A 型分子筛是一种硅铝酸钙，微孔的表观直径大约为 5.5Å，能吸附直径约为 5Å 的分子。

水分子的直径为 3Å，一般选用 4A、5A 型分子筛除去有机化合物中所含的微量水分。若化合物中所含水分过多，应先去掉大部分水，剩下微量的水分，再用分子筛来干燥。

分子筛在使用前，应先加热到 150～300℃ 活化脱水 2h 时，趁热取出，存放在干燥器内备用。已吸过水的分子筛，若再加热到 200℃ 左右，让水解吸后，可重新使用。

2.9.1　固体有机化合物的干燥

固体有机化合物的干燥，主要为除去残留在固体上的少量水和低沸点溶剂，如乙醚、乙醇、丙酮、苯等。由于固体的挥发性小，所以可采用蒸发及吸附的方法干燥。前者可晾干或烘干；后者可用装有不同干燥剂的干燥器进行干燥。为提高干燥效率，有时两种方法同时使用，如用真空恒温干燥器。

（1）晾干

从不吸湿的物质中除去易挥发组分时，常用自然晾干的方法，此法既简便又经济。

操作时，把要干燥的物质放在滤纸、表面皿或瓷板上，摊成薄层，再用一张滤纸覆盖上，放在空气中，直至晾干为止。

（2）烘干

对热稳定的化合物，可用烘干的方法，很快地使其干燥。

干燥时，常用红外灯和电热干燥箱（烘箱）加热。要严格控制加热温度，不要高于有机物的熔点并要随时翻动被干燥的物质，防止出现结块的现象。

红外灯的温度控制，可利用功率的不同，悬放高度的不同予以调节。若用的是电热干燥箱，可在 $50\sim300℃$ 的温度范围内，根据需要任意选定温度。借助于箱内的自动控制系统保持温度恒定，温度计应插入箱顶的排气阀上孔中。

（3）真空干燥器干燥

某些易分解、易升华、易吸湿或有刺激性的物质，需在真空干燥器中干燥。干燥时，根据样品中要除去的溶剂选择好干燥剂，放在干燥器的底部。如要除去水可用五氧化二磷；要除去水或酸可选生石灰；要除去水和醇可选无水氯化钙；要除去乙醚、氯仿、四氯化碳、苯等可选用石蜡片。

真空干燥器上配有活塞，可用来排气，抽气通常采用水泵，在抽气过程中，其外围最好能用布裹住，以保安全。

（4）在真空恒温干燥器中干燥

真空恒温干燥器即干燥枪，它的干燥效率高，适用于少量分析样品的干燥，尤其除去结晶水或结晶醇，此法更好。使用时，将装有样品的小舟放入夹层内，连接盛有干燥剂（通常是五氧化二磷）的曲颈瓶，开启活塞，用水泵抽气。当抽到一定的真空度时，关闭活塞，停止抽气。在整个干燥过程中，每隔一段时间应抽一次气。根据被干燥物质的性质，选用沸点低于样品熔点的溶剂，放在烧瓶内，加热烧瓶，溶剂的蒸气就充满了夹层外，使夹层内小舟中的样品在减压和恒定的温度下进行干燥。

2.9.2 常用气体的干燥

在有机合成和有机分析时，常要用到氮气、氧气、氢气、氯气、氨气、二氧化碳等气体，有时对这些气体的纯度要求还很高。如对有机化合物进行元素分析时，要除去氧气中的水及二氧化碳等。

干燥气体时多采用干燥剂干燥。用固体干燥剂干燥气体时，常在干燥塔 U 形管及干燥管等仪器中进行。为了避免干燥剂在干燥过程中结块，对形状不稳定的干燥剂，如五氧化二磷，要混上支撑物料-石棉纤维、玻璃棉、沸石等。用液体干燥剂干燥气体，常在各种不同形式的洗气瓶中进行。

化学惰性气体，一般在洗气瓶中用浓硫酸干燥。用浓硫酸作干燥剂时，应连接安全瓶。干燥气体时常用的干燥剂，见表 2.1。

表 2.1　干燥气体常用的干燥剂

干　燥　剂	可干燥的气体
CaO、碱石灰、NaOH、KOH	NH_3
无水氯化钙	H_2、HCl、CO_2、CO、SO_2、O_2、低级烷烃、醚、烯烃、卤代烷
浓硫酸	烷烃

对于低沸点液体的干燥，可采用冷却阱使水及其他可凝结的杂质凝固下来，为了进行深度冷冻可采用干冰-乙醇或液氮。

2.9.3　液体有机物的干燥

2.9.3.1　采用分馏和生成共沸混合物的方法

能与水形成二元、三元共沸混合物的液体有机物，共沸混合物的沸点均低于该液体有机物的沸点，若蒸馏（或分馏）共沸混合物，当共沸混合物蒸馏完毕时，即剩下无水的液体有机物。例如，无水苯的沸点为 $80.3℃$，由 70.4% 苯与 29.6% 水组成的共沸混合物的沸点为 $69.3℃$。若蒸馏含少量水的苯，则具有上述组成的共沸混合物先被蒸出，然后即可蒸出无水苯。

2.9.3.2　用干燥剂干燥

液体有机化合物的干燥，最常采用的方法是直接将干燥剂加入液体中，用以除去水分或其他有机溶剂（如无水 $CaCl_2$ 可除去乙醇等低级醇）。

（1）干燥剂的选择

选择干燥剂时，所选干燥剂应具备下列几点。

① 干燥剂与有机物不发生任何化学变化，对有机物亦无催化作用。

② 干燥剂应不溶于有机液体中。

③ 干燥剂的干燥速度快、吸水量大、价格便宜。

常要干燥剂的性能、应用及禁用范围见表 2.2。

表 2.2　常要干燥剂的性能与应用

干燥剂	吸水作用	吸水容量	干燥效能	干燥速度	应用范围	禁用范围
氯化钙	$CaCl_2 \cdot nH_2O$ $n=$ 1、2、4、6	0.97 按 n 为 6 计算	中等	较快	烷烃、烯烃某些酮、醚及中性气体	醇酚、胺酰胺及某些醛、酮酸等
硫酸镁	$MgSO_4 \cdot nH_2O$ $n=$ 1、2、4、5、6、7	1.05 按 n 为 7 计算	较弱	较快	应用范围广可代替氯化钙并可干燥酯、醛、酮、腈、酰胺	
硫酸钙	$CaSO_4 \cdot \frac{1}{2}H_2O$	0.06	强	快	常用在硫酸钠（镁）干燥后再用	
碳酸钾	$K_2CO_3 \cdot \frac{1}{2}H_2O$	0.2	较弱	慢	弱碱性，用于干燥醇酮、酯胺、杂环等碱性化合物	不能干燥酸、酚及其他酸性化合物
氧化钙	$Ca(OH)_2$	—	强	较快	干燥中性和碱性气体胺、醇、醚	不能干燥某些醛酮及酸性物质
五氧化二磷	H_3PO_4	—	强	快	干燥中性和酸性气体乙烯、烃、二氧化碳卤代烃及腈中痕量水	不能干燥碱性物质，醇、酸、醚、胺酮及 HCl、HF 等
钠铝硅型和钙铝硅型分子筛	物理吸附	约 0.25	强	快	可干燥各类有机物	不能干燥不饱和烃

（2）干燥剂的用量

根据水在被干燥液体中的溶解度和所选干燥剂的吸水量，可以计算出干燥剂的理论用量。因为吸附过程是可逆的，再者干燥剂要达到最大的吸水量必须有足够长的时间来保证生成干燥剂的最高水合物，因此实际用量往往会远远超过计算量。

另外，由于干燥剂在吸附水分子的同时，也会沾附上被干燥的液体，使产品的产量降低，所以干燥剂的用量应有所控制。

加入干燥剂时，可分批加入，每加一次放置十几分钟，直到对水分子的吸收已不显著为止（无水氯化钙保持粒状，无水硫酸铜不变成蓝色，五氧化二磷不结块）。

一般说来，干燥剂的用量约为所干燥液体量的5%～10%（干燥剂的用量为每10mL液体约需0.5～1g）。由于液体中所含水分量不尽相同，干燥剂的质量、黏度大小、干燥时的温度也不尽相同，再加上干燥剂还有可能吸收一些副产物，如氯化钙吸收醇等原因，因此很难规定一个准确的用量范围，操作者应在实践过程中注意积累这方面的经验。操作一般可先投少量干燥剂到液体中进行振摇，如发现干燥剂附着瓶壁或互相黏结。则说明干燥剂不够，应继续添加。如投入干燥剂后出现水相，必须用吸管将水吸出，然后再添加新的干燥剂。有时干燥前液体呈浑浊状，经干燥后变澄清，这可简单地作为水分基本除去的标志。但澄清的液体并不一定说明它已不含水分，因为还与该物质在水中的溶解度有关。

（3）干燥操作

当选定干燥剂后，应注意被干燥液体中是否有明显的水分存在，如有要尽可能的分离干净。将要干燥的液体置于锥形瓶中，边加入干燥剂边振摇，当加入适量的干燥剂后，用塞子塞住瓶口室温下静置，直至所有的水分被完全吸收（一般半小时以上）液体澄清为止。若干燥剂与水反应放出气体，应采取相应措施，保证气体能顺利逸出而水气又不至于浸入。干燥时所用干燥剂的颗粒应适中，颗粒太大，表面积小，加入的干燥剂吸水量不大；如呈粉状，吸水后易呈糊状，使分离困难。干燥得好的液体，外观上是澄清透明的。已吸水的干燥剂受热后又会脱水，其蒸气压随温度升高而增加，所以，对已干燥的液体在蒸馏前必须把干燥剂滤去。

2.10 色 谱 法

色谱法在分离、纯化和鉴定有机化合物时有着重要而广泛的应用。

色谱法的基本原理是利用混合物中各组分在某一物质（一般是多孔性物质）中的吸附或溶解性能（即分配）的不同或其他亲和作用性能的差异，使混合物的溶液流经该物质时进行反复的吸附或分配等作用，从而将各组分分开。流动的混合物溶液称为流动相；固定的物质称为固定相（可以是固体或液体）。根据组分在固定相中的作用原理不同，可分为吸附色谱、分配色谱、离子交换色谱、排阻色谱等；根据操作条件不同，可分为柱色谱、纸色谱、薄层色谱、气相色谱及高效液相色谱等类型。

色谱法在有机化学中的应用主要包括以下几方面：①分离提纯。有些结构相似，性质相近的化合物很难用一般的化学方法分离开，或某些结构相似的杂质难以除去，应用色谱法进行分离或提纯，往往可以收到理想的效果。②鉴定化合物。当影响因素如温度、展开剂组成、吸附剂厚度、吸附剂颗粒的大小、酸碱性等固定后，纯化合物在薄层色谱或纸色谱都呈现一定的移动距离，称作比移值（R_f值）。当用已知样品作为参照物，可通过测定R_f值来鉴定未知样品，若已知样品和未知样品的R_f值相同，则两者有可能是同一化合物。③确定化合物的纯度。如果样品不纯，由于不同化合物的R_f值不同，薄层色谱或纸色谱将出现两个或多个色点。④观察化学反应是否完成。可以利用薄层色谱或纸色谱观察原料色点的逐步消失，验证反应是否完成。

吸附色谱主要是以氧化铝、硅胶等作为吸附剂（称为固定相），将一些物质自溶液中吸附到固定相的表面上，而后用溶剂（称为流动相）洗脱或展开，利用不同化合物在吸附剂上吸附力不同和它们在溶剂中不同的溶解度而得到分离。吸附色谱分离可采用柱色谱和薄层色谱两种方式。

分配色谱也可采用柱色谱和薄层色谱两种方式，纸色谱也属于分配色谱。分配色谱主要是利用混合物的组分在两种不相溶的液体中分配情况不同而得到分离。相当于一种连续性溶剂萃取方法，这样的分离不经过吸附程序，仅由溶剂的萃取来完成。固定在柱内的液体称为固定相，它是由一种固体如纤维素、硅胶或硅藻土等载体（亦称担体）来吸住，从而使固定相固定在柱内，载体本身没有吸附能力，对分离不起什么作用，只是用来使固定相停留在柱内。用作洗脱的液体叫流动相。进行分离时，先将含有固定相的载体装在柱内，加入试样溶液后，用适当的溶剂进行洗脱。由于试样各组分在两相之间的分配不同，因此被移动相带着向下移动的速度也不同，易溶于移动相的组分移动得快些，而在固定相中溶解度大的组分就移动得慢一些，因此得到分离。

2.10.1　薄层色谱

薄层色谱（Thin Layer Chromatography）常用 TLC 表示，又称薄层层析，属于固-液吸附色谱，是近年来发展起来的一种微量、快速而简单的色谱法，它兼备了柱色谱和纸色谱的优点。一方面适用于小量样品（几到几十微克，甚至 $0.01\mu g$）的分离；另一方面若在制作薄层板时，把吸附层加厚，将样品点成一条线，则可分离多达 500mg 的样品。因此又可用来精制样品。故此法特别适用于挥发性较小或在较高温度易发生变化而不能用气相色谱分析的化合物。此外，在进行化学反应时，常利用薄层色谱观察原料斑点的逐步消失来判断反应是否完成。

薄层色谱是在洗涤干净的玻璃板上均匀地涂一层吸附剂或支持剂，待干燥、活化后将样品溶液用管口平整的毛细管滴加于离薄层板一端约 1cm 处的起点线上，晾干或吹干后置薄层板于盛有展开剂的展开槽内，浸入深度为 0.5cm。待展开剂前沿离顶端约 1cm 附近时，将色谱板取出，干燥后喷以显色剂，或在紫外灯下显色。记下原点至主斑点中心及展开剂前沿的距离，计算比移值（R_f）：

$$R_f = \frac{溶质最高浓度中心至原点中心的距离}{展开剂前沿至原点中心的距离}$$

2.10.1.1　薄层色谱用的吸附剂和支持剂

薄层吸附色谱的吸附剂最常用的是氧化铝和硅胶；分配色谱的支持剂为硅藻土和纤维素。

硅胶是无定形多孔性物质，略具酸性，适用于酸性物质的分离和分析。薄层色谱用的硅胶分为：硅胶 H（不含黏合剂）；硅胶 G（含煅石膏黏合剂）；硅胶 HF_{254}（含荧光物质，可用于波长为 254nm 紫外光下观察荧光）；硅胶 GF_{254}（既含煅石膏又含荧光剂）等类型。

与硅胶相似，氧化铝也因含黏合剂或含荧光剂而分为氧化铝 G、氧化铝 GF_{254} 及氧化铝 HF_{254}。

黏合剂除上述的煅石膏（$2CaSO_4 \cdot H_2O$）外，还可用淀粉、羧甲基纤维素钠（CMC）。

通常将薄层板分为硬板（加黏合剂）和软板（不加黏合剂）。

薄层吸附色谱和柱吸附色谱一样，化合物的吸附能力与它们的极性成正比，具有较大极性的化合物吸附较强，因而 R_f 值较小。因此利用化合物极性的不同，用硅胶和氧化铝薄层色谱可将一些结构相近或顺、反异构体分开。

2.10.1.2　薄层板的制备（湿板的制备）

薄层板制备的好坏直接影响色谱分离的效果。薄层应尽量均匀且厚度（0.25～1mm）要固定。太厚展开时会出现拖尾，太薄样品分不开。

（1）平铺法：用薄层涂布器涂布，它适合于科研工作中数量较大要求较高的需要。

（2）浸渍法：把两块干净的玻片叠合，浸入调制好的吸附剂浆料中，取出后分开、晾干。

（3）简易平铺法：将配制好的浆料倾注到清洁干燥的载玻片上，拿在手中轻轻的来回振摇，使其表面均匀平滑，在室温下晾干后进行活化。

2.10.1.3　薄层板的活化

将涂布好的薄层板置于室温晾干后，放在烘箱内加热活化，活化条件根据需要而定。硅胶板一般在烘箱中渐渐升温，维持105～110℃活化30min。当分离某些易吸附的化合物时，可以不活化。

2.10.1.4　点样

通常将样品溶于低沸点溶剂（丙酮、甲醇、乙醇、氯仿、苯、乙醚或四氯化碳）配成1%的溶液，用内径小于1mm管口平整的毛细管点样。先用铅笔在距薄层板一端1cm处轻轻划一横线作为起始线，然后用毛细管吸取样品，在起始线上小心点样，斑点直径一般不超过2mm。若样品溶液太稀，可重复点样，但应待前次点样的溶剂挥发后方可重新点样，以防样点过大，造成拖尾、扩散等现象，而影响分离效果。若在同一板上点几个样，样点间距离应为1～1.5cm。点样要轻，不可刺破薄层。点样结束待样点干燥后方可进行展开。

在薄层色谱中，样品的用量对物质的分离效果有很大影响，所需样品的量与显色剂的灵敏度、吸附剂的种类、薄层的厚度均有关系。样品太少，斑点不清楚，难以观察，但样品量太多时往往出现斑点太大或拖尾现象，以至不易分开。

2.10.1.5　展开

薄层色谱展开剂的选择和柱色谱一样，主要根据样品的极性、溶解度和吸附剂的活性等因素来考虑。溶剂的极性越大，则对化合物的洗脱能力也越大，即 R_f 值也越大（如果样品在溶剂中有一定溶解度）。薄层色谱用的展开剂绝大多数是有机溶剂，各种溶剂极性参见柱色谱部分。理想的展开剂应能使混合物分离后各组分的 R_f 值相差尽可能大。

薄层色谱的展开，需要在密闭容器中进行。常用的展开方式有如下几种。

（1）上升法　将色谱板垂直于盛有展开剂的容器中，用于含黏合剂的色谱板。

（2）倾斜上行法　色谱板倾斜15°，适用于无黏合剂软板的展开；色谱板倾斜45°～60°，适用于含有黏合剂的色谱板。

（3）下降法　用滤纸或纱布等将展开剂吸到薄层板的上端，使展开剂沿板下行，这种连续展开的方法适用于 R_f 值小的化合物。

（4）双向色谱法　将样品点在方形薄层板的角上，先向一个方向展开，然后转动90°的位置，再换另一种展开剂展开，适用于成分复杂的混合物分离。

2.10.1.6　显色

样品展开后，如果本身带有颜色，可以直接看到斑点的位置。但是，大多数的有机化合物是无色的，必须先经过显色才能观察到斑点的位置。常用的显色方法有如下几种。

（1）碘蒸气显色法　由于碘能与很多有机化合物（烷和卤代烷除外）可逆地结合形成有

颜色的络合物，将展开后的薄层板（溶剂已挥发干净）放入充满碘蒸气的容器中，有机化合物即与碘作用而呈现出棕色的斑点。将薄层板自容器中取出后，应立即标记出斑点的形状和位置（因为薄层板放在空气中，由于碘挥发棕色斑点在短时间内就会消失）。

（2）紫外光显色法　如果被分离（或分析）的样品本身是荧光物质，可以在暗处紫外灯下观察到荧光物质的亮点。如果样品本身不发荧光，可以在制板时选用含有荧光剂的吸附剂或在制好的薄层板上喷上荧光剂，制成荧光薄层板。荧光薄层板经展开后取出，标记好展开剂的前沿，待溶剂挥发干净后，放在紫外灯下观察，有机化合物在亮的荧光背景上呈暗红色斑点。标记出斑点的形状和位置。

（3）试剂显色法　除了上述显色法之外，还可以根据被分离（分析）化合物的性质，采用不同的试剂进行显色。操作时，先将薄层板展开，风干，然后用喷雾器将显色剂直接喷到薄层板上，被分开的有机物组分便呈现出不同颜色的斑点。及时标记出斑点的形状和位置。

实验 7　薄层色谱分离偶氮苯和苏丹红

【实验目的】
1. 了解薄层色谱分离提纯有机化合物的基本原理和应用。
2. 掌握薄层色谱的操作技术。

【试剂】
1%苏丹红苯溶液；1%偶氮苯的苯溶液；0.5%的羧甲基纤维素钠水溶液；硅胶 G；9：1的正庚烷与乙酸乙酯。

【实验步骤】

1. 硅胶 G 板的制备

取 2.5cm×6cm 左右的载玻片 3 块，洗净晾干。在烧杯中放入约 2g 硅胶 G，加入 0.5%的羧甲基纤维素钠水溶液 5~6mL 调成糊状。用牛角匙将此糊状物倾倒于上述载玻片上。用食指和拇指拿住载玻片，做前后、左右振摇，使流动的糊状物均匀地铺在载玻片上[1]。将已涂好硅胶 G 的薄层板放置在水平的长玻璃片上，室温放置 0.5h 后，移入烘箱，缓慢升温至 110℃，恒温 0.5h。取出稍冷后放入干燥器中备用。也可买市售硅胶板，切割成 2.5cm×6cm 板备用。

2. 点样

取管口平整的毛细管，分别取少量 1%苏丹红苯溶液、1%偶氮苯[2]的苯溶液及以上两个样品的混合溶液为试样。在上述制好的薄层板一端约 1cm 处用铅笔轻轻画一直线，于画线处轻轻点样[3]。在一块板的起点线上点 1%偶氮苯溶液和混合样两个点，在第二块板的起点线上点 1%苏丹红苯溶液和混合液两个样点。样点间距离 1cm 左右，先点纯试样，再点混合试样。晾干，备用。

3. 展开

以体积比 9：1 的正庚烷与乙酸乙酯为展开剂，在层析缸中加入展开剂，使其高度不超过 1cm[4]。将点好样的薄层板小心放入层析缸中，点样一端朝下，浸入展开剂约 0.5cm。盖好瓶盖，观察展开剂前沿上升到接近薄层板的顶端时取出[5]，尽快在展开剂的前沿画出标记[6]。晾干，观察混合试样斑点出现的位置及与相应样品斑点是否相符。计算 R_f 值。

【注释】

[1] 吸附剂在玻片上应均匀平整。

[2] 偶氮苯和苏丹红的结构如下。

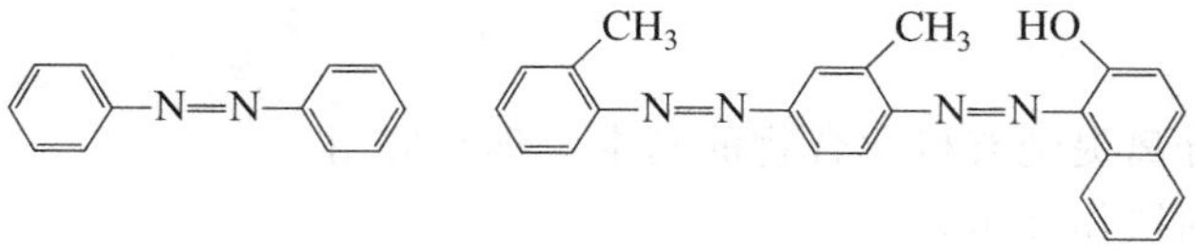

偶氮苯　　　　　　　　　　　苏丹红

[3] 点样与展开应按要求进行。点样时，毛细管刚接触薄层板即可，不能戳破薄层板面，点样过量影响分离效果。点与点之间应相距 1cm 左右，样点直径应不超过 2mm。

[4] 展开剂不超过点样线。

[5] 展开时，不要让展开剂前沿上升至底线。否则，无法确定展开剂上升高度，即无法求得 R_f 值和准确判断粗产物中各组分在薄层板上的相对位置。

[6] 取出薄层板应立即在展开剂前沿作出标记，否则展开剂挥发后，无法确定其上升的高度。也可画出前沿，待展开剂到达立即取出。

2.10.2 柱色谱

2.10.2.1 吸附剂

常用的吸附剂有氧化铝、硅胶、氧化镁、碳酸钙和活性炭等。吸附剂一般要经过纯化和活性处理，颗粒大小应当均匀。对于吸附剂而言，粒度愈小表面积愈大，吸附能力就愈高，但颗粒愈小时，溶剂的流速就太慢，因此应根据实际分离需要而定。供柱色谱使用的氧化铝有酸性、中性、碱性三种。酸性氧化铝为用 1% 盐酸浸泡后，再用蒸馏水洗至氧化铝的悬浮液 pH 为 4，用于分离酸性物质。中性氧化铝悬浮液的 pH 为 7.5，用于分离中性物质。碱性氧化铝其悬浮液的 pH 为 10，用于胺或其他碱性物质的分离。

大多数吸附剂都能强烈地吸水，而且水分易被其他化合物置换，因此吸附剂的活性降低，通常有加热方法使吸附剂活化。氧化铝随着表面含水量的不同，而分成各种活性等级。活性等级的测定一般采用勃劳克曼（Brockman）标准测定法。

2.10.2.2 溶质的结构与吸附能力的关系

化合物的吸附性与它们的极性成正比，化合物分子中含有极性较大的基团时，吸附性也较强，各种化合物对氧化铝的吸附性按以下次序递减：酸和碱＞醇、胺、硫醇＞酯、醛、酮＞芳香族化合物＞卤代物、醚＞烯＞饱和烃。

2.10.2.3 洗脱剂

洗脱剂的选择是重要的一环，通常根据被分离物中各化合物的极性、溶解度和吸附剂的活性等来考虑。它既可以是某种单一溶剂，也可以是一种混合溶剂。一般极性较大的溶剂容易将试样洗脱下来，但达不到将试样逐一分离的目的。因此常使用一系列极性逐渐增大的溶剂。为了逐渐提高溶剂的洗脱能力和分离效果，也可用混合溶剂作为洗脱剂。洗脱柱子前先用薄层色谱选择好适宜溶剂。所用溶剂必须纯化和干燥，否则会影响吸附剂的活性和分离效果。常用洗脱剂的极性按以下次序递增：石油醚、己烷＜环己烷＜四氯化碳＜三氯乙烯＜二硫化碳＜甲苯＜苯＜二氯甲烷＜氯仿＜乙醚＜乙酸乙酯＜丙酮＜正丙醇＜乙醇＜甲醇＜水＜吡啶＜乙酸。

实验 8　柱色谱法分离荧光黄和亚甲基蓝

【实验目的】

1. 了解柱色谱分离提纯有机化合物的基本原理和应用。

2. 掌握柱色谱的操作技术。

【试剂】

中性氧化铝；95％乙醇；0.5mL 已配好的含有 0.5mg 荧光黄与 0.5mg 亚甲基蓝的 95％乙醇溶液。

【实验步骤】

1. 装柱

选择一支微型色谱柱，在柱的底部放入少许脱脂棉[1]和一张略比柱内径小的圆形小滤纸，将柱垂直固定在铁架台上，关住旋塞，向柱中倒入适量的 95％乙醇（为柱高的四分之三），将一定量中性氧化铝通过一个干燥粗颈的玻璃漏斗连续而缓慢地加入柱中，在加入中性氧化铝的同时打开旋塞，使乙醇的流出速度为 1 滴/秒。或将 95％乙醇与中性氧化铝先调成糊状，再徐徐倒入柱中。并随时用木棒或带橡皮管的玻璃棒轻轻敲打柱身，装入量约为柱的四分之三[2]。最后在柱的上端加入一张略比柱内径小的圆形小滤纸。

2. 上样

当 95％乙醇的液面刚好流至滤纸面时[3]，立即沿柱壁加入 0.5mL 已配好的含有 0.5mg 荧光黄与 0.5mg 亚甲基蓝的 95％乙醇溶液[4]，当试样溶液流至接近滤纸面时，立即用少量 95％乙醇洗下管壁的有色物质，直至洗净为止。

3. 洗脱

从柱的上端分批加入 95％乙醇作为洗脱剂，控制流出速度。蓝色的亚甲基蓝因极性小，首先向柱下移动，极性较大的荧光黄留在柱的上端，当蓝色的色带完全洗出后，更换接收器[5]，改用水作为洗脱剂，至黄绿色荧光黄开始滴出，用另一接收器收集至黄绿色全部洗出为止。分别得到两种染料的溶液。

【注释】

[1]　脱脂棉塞得太紧，影响洗脱液的流速。

[2]　色谱柱填充要紧密，要求无断层、无缝隙。若松紧不匀，特别有断层时，影响流速和色带的均匀，但如果装时过分的敲击，色谱柱填充过紧，又使流速太慢。

[3]　在装柱、洗脱过程中，始终保持有洗脱剂覆盖吸附剂。

[4]　荧光黄为橙红色，商品一般是二钠盐，稀的水溶液带有荧光黄色。亚甲基蓝是深绿色的结晶，其稀的水溶液为蓝色，其结构式如下：

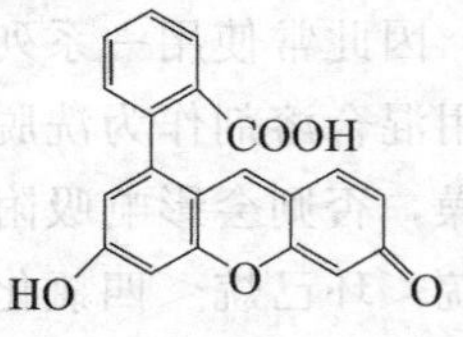

荧光黄 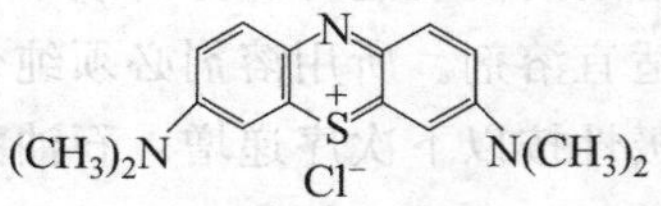　　　　　　　　　　　亚甲基蓝

[5]　在洗脱过程中，一定注意一个色带与另一色带的洗脱液的接收不要交叉，否则组

分之间不能完全的分离。

2.11　升　华

升华是纯化固体物质的一种方法，适用于纯化在熔点温度以下蒸气压较高（高于20mmHg）的固体物质。利用升华可除去不挥发性杂质或分离不同挥发度的固体混合物，升华的产品具有较高的纯度，但操作时间长，损失较大，因此在实验室里一般用于较少量（1～2g）化合物的纯化。

【升华原理】

与液体相同，固体物质亦有一定的蒸气压，并随温度而变。当加热时，物质自固态不经过液态而直接汽化为蒸气，蒸气冷却又直接凝固为固体，这个过程称为升华。一般来说，对称性较高的固态物质具有较高的熔点，且在熔点温度下具有较高的蒸气压，易于利用升华进行纯化。

一个物质的正常熔点是固、液两相在大气压下平衡时的温度。在三相点时（见物理化学物质三相平衡图），固、液、气三相同时存在。而在三相点以下，物质只有固、气两相，降低温度，蒸气可以不经过液态直接变为固态；升高温度，固态也可以不经过液态直接变成蒸气。因此，一般的升华操作应在三相点温度以下进行。如果某物质在三相点温度以下的蒸气压很高，汽化速率很大，就很容易从固态直接变为蒸汽，且此物质蒸气压随温度降低而下降很快，稍降低温度就可以由蒸汽直接变为固态，则此物质可在常压下用升华的方法纯化。如樟脑，三相点温度179℃，压力49.3kPa，在160℃时蒸气压为29.1kPa，即未达到熔点前就有相当高的蒸气压，缓慢加热，使温度维持在179℃以下，它就可不经过熔化而直接蒸发，蒸气遇到冷的表面就凝结为固体，这样蒸气压可以始终位置在49.3kPa以下，直至挥发完毕。

常采用升华的方法提纯某些固体物质，升华是利用固体混合物中的被纯化固体物质与其它固体物质（或杂质）具有不同的蒸气压。一个固体物质在熔点温度以下具有足够大的蒸气压，则可用升华方法来提纯。显然，待纯化物中杂质的蒸气压必须很低，分离的效果才好。但在常压下具有适宜升华蒸气压的有机物不多，常常需要减压以增加固体的汽化速率，即采用减压升华。这与对高沸点液体进行减压蒸馏是同一道理。

【实验操作】

把待精制的物质放入蒸发皿中，用一张穿有若干小孔的圆滤纸把锥形漏斗的口包起来，把此漏斗倒盖在蒸发皿上，漏斗茎部塞一团脱脂棉，加热蒸发皿，逐渐升高温度，使待精制的物质汽化，蒸汽通过滤纸孔，遇到漏斗的内壁，冷凝为晶体，附在漏斗的内壁和滤纸上。在滤纸上穿小孔可防止升华后形成的晶体落回到下面的蒸发皿。较大量物质的升华，可在烧杯中进行。烧杯上放置一个通冷水的烧瓶，使蒸汽在烧瓶底部凝结成晶体并附在瓶底上。升华前，必须把待精制的物质充分干燥。

图2.9为常用的升华装置，其中图2.9(b)为减压升华装置。在减压升华时，将固体物质放在吸滤管中，然后将装有"冷凝指"的橡皮塞塞住管口，利用水泵或油泵进行减压，接通冷凝水，将吸滤管浸在水浴或油浴中加热，使之升华。

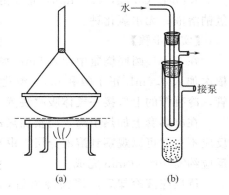

图2.9　升华装置

第3章 基础有机合成实验

实验9 正溴丁烷

【实验目的】

1. 了解由正丁醇经亲核取代反应制备正溴丁烷的原理和方法。
2. 掌握回流装置和分液漏斗的使用，巩固蒸馏操作。

【实验原理】

卤代烃是一类重要的有机合成中间体。在实验室，脂肪族卤代烃通常由醇和氢卤酸、三卤化磷或卤化亚砜反应制备。将正丁醇与溴化钠、浓硫酸共热即可得到正溴丁烷。

主反应：

$$NaBr + H_2SO_4 \longrightarrow HBr + NaHSO_4$$

$$CH_3CH_2CH_2CH_2OH + HBr \longrightarrow CH_3CH_2CH_2CH_2Br + H_2O$$

反应按 S_N2 历程进行：

$$CH_3CH_2CH_2CH_2—OH + H^+ \Longrightarrow CH_3CH_2CH_2CH_2—\overset{+}{O}H_2$$

$$CH_3CH_2CH_2CH_2—\overset{+}{O}H_2 + Br^- \longrightarrow CH_3CH_2CH_2CH_2Br + H_2O$$

副反应：

$$CH_3CH_2CH_2CH_2OH \xrightarrow{H_2SO_4} CH_3CH_2CH=CH_2 + H_2O$$

$$CH_3CH_2CH_2CH_2OH \xrightarrow{H_2SO_4} CH_3CH_2CH_2CH_2—O—CH_2CH_2CH_2CH_3 + H_2O$$

【试剂】

4.6mL（3.7g，0.05mol）正丁醇；6.5g（0.063mol）无水溴化钠；浓硫酸；饱和碳酸氢钠溶液；无水氯化钙。

【实验步骤】

在 50mL 圆底烧瓶中加入 5mL 水，分多次加入 7mL 浓硫酸，混合均匀后冷至室温。再依次加入 4.6mL 正丁醇和 6.5g 溴化钠[1]，摇匀后加入沸石。在圆底烧瓶上安装回流冷凝管，冷凝管的上口接一气体吸收装置 ［图1.2(c)］。

在电热套上加热至沸，调整加热速度，以保持沸腾而又平稳地回流，并不时摇动烧瓶。反应不久就可以观察到溶液分层，由于无机盐水溶液密度较大，生成的正溴丁烷处于上层。反应约需 30～40min 完成。

待反应液冷却后，移去冷凝管，加上蒸馏弯头，改为蒸馏装置，蒸出粗产物正溴丁烷[2]。将馏出液移至分液漏斗中，加入等体积的水洗涤[3]，分出有机层。将有机物转入分液漏斗中，用等体积的浓硫酸洗涤[4]。分出硫酸层，有机相依次用等体积的水、饱和碳酸氢钠溶液和水洗涤后转入干燥的锥形瓶中。用无水氯化钙干燥，间歇摇动锥形瓶，至液体清亮为止。将干燥好的产物过滤到蒸馏瓶中，蒸馏，收集 99～103℃的馏分，产量约 2～3g。

纯净的正溴丁烷为无色透明液体，沸点 101.6℃，折射率 n_D^{20} 1.4399。

【注释】

[1]　如果用的是含有结晶水的溴化钠（$NaBr \cdot 2H_2O$），则应按物质的量换算，并在加入烧瓶的水量中减去溴化钠含有的结晶水的量。

[2]　判断粗产物正溴丁烷是否完全蒸出的方法：

① 馏出液是否澄清。

② 反应瓶中有机层（上层）是否消失。

③ 取一试管收集几滴馏出液，加适量水，观察是否有油珠出现。如没有油珠出现，表明馏出液中已无有机物。

[3]　如水洗后产物仍呈红色，是由于浓硫酸的氧化作用生成了游离溴，可加入几毫升饱和亚硫酸氢钠溶液洗涤除去。

[4]　浓硫酸能溶解粗产物中未反应的正丁醇及副产物正丁醚等杂质。用浓硫酸洗涤粗产物时，一定要先将有机层与水层彻底分开，否则浓硫酸会被稀释而降低洗涤效果。

【思考题】

1. 硫酸在本反应中的作用是什么？其用量及浓度对实验有何影响？

2. 反应后的粗产物中含有哪些杂质？它们是如何被除去的？

3. 为什么用饱和碳酸氢钠溶液洗涤之前需要用水洗一次？

实验 10　环　己　烯

【实验目的】

1. 学习用酸催化脱水制取烯烃的原理和方法。

2. 学习微型蒸馏、微型分馏及微量液体干燥等操作。

【实验原理】

环己烯是重要的有机合成原料，如合成赖氨酸、环己酮、苯酚、聚环烯树脂、氯代环己烷、橡胶助剂、环己醇原料等，另外还可用作催化剂溶剂和石油萃取剂，高辛烷值汽油稳定剂。工业上主要通过石油裂解的方法制备烯烃，有时也利用醇在氧化铝等催化剂存在下，进行高温催化脱水来制取。实验室里则主要用浓硫酸、浓磷酸做催化剂使醇脱水[1]或卤代烃在醇钠作用下脱卤化氢来制备烯烃。

主反应　　　　　$\bigcirc\!\!-OH \xrightleftharpoons{H_3PO_4} \bigcirc + H_2O$

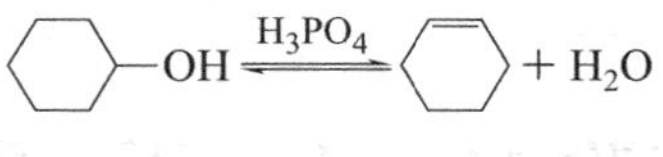

副反应　　　$2\bigcirc\!\!-OH \xrightleftharpoons{H_3PO_4} \bigcirc\!\!-O\!\!-\bigcirc + H_2O$

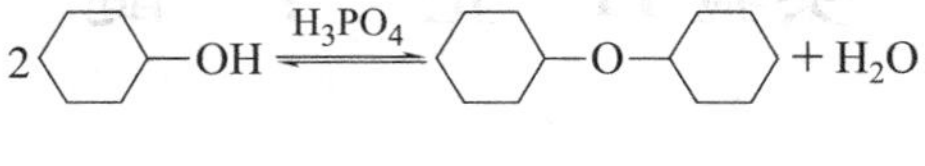

【试剂】

10.4mL（10.00g，0.0998mol）环己醇；3mL 浓磷酸（或 1mL 浓硫酸）；精盐；5％碳

酸钠溶液；无水氯化钙。

【实验步骤】

在 50mL 干燥的圆底烧瓶中，加入 10g 环己醇（10.4mL，0.0998mol）[2]，3mL 浓磷酸（或 1mL 浓硫酸）[3] 和几粒沸石，充分振摇使之混合。安装刺型分馏柱及蒸馏装置（图1.7）。用 50mL 三角烧瓶作接收器，置于冰水浴中。

用小火加热混合物至沸腾，控制分馏柱顶部馏出温度不超过 90℃，慢慢蒸出生成的环己烯和水（浑浊液体）[4]。若无液体蒸出时，可提高温度。当烧瓶中只剩下很少量的残留并出现阵阵白雾时，即可停止加热。全部蒸馏时间约需 1h。

将馏出液用约 1g 精盐饱和，然后加入 3～4mL 5％碳酸钠溶液中和微量的酸（或用约0.5mL 20％的氢氧化钠溶液）。将此液体倒入小分液漏斗中，振摇后静置分层。放出下层的水层，上层的粗产品转入干燥的小三角烧瓶中。加入 1～2g 无水氯化钙干燥之。将干燥后的粗环己烯（溶液应清亮透明）滤入 60mL 蒸馏烧瓶中，加入几粒沸石后用水浴加热蒸馏。用一干燥小三角烧瓶收集 80～85℃的馏分。产量 4.0～5.0g（产率 46％～56％）。

【注释】

［1］醇的脱水是在强酸催化下的单分子消除反应，酸使醇羟基质子化，使其易于离去而生成正碳离子，后者再失去一个质子就生成烯烃。

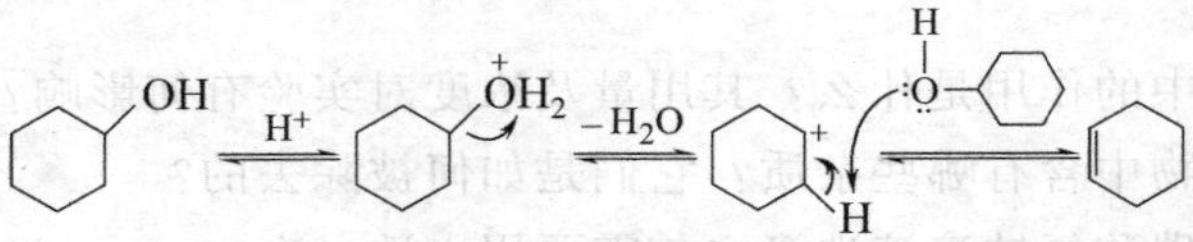

醇的脱水反应随醇的结构不同而有所不同。其反应速率为：叔醇＞仲醇＞伯醇。

［2］由于环己醇在常温下是黏稠状液体（熔点 24℃），若用量筒量取时应注意转移中的损失，用称量法。若用硫酸时，环己醇与硫酸应充分混合。否则，在加热过程中可能会局部炭化。

［3］脱水剂可以是磷酸或硫酸。磷酸的用量必须是硫酸的一倍以上，但它却比硫酸有明显的优点：一是不生成炭渣，二是不产生难闻气体（用硫酸则易生成 SO_2 副产物）。由于高浓度的酸会导致烯烃的聚合、醇分子间的失水及碳架的重排，因此，反应中常伴有副产物烯烃的聚合物和醚的生成。

［4］整个反应是可逆的，为了促使反应完成，必须不断地把生成的沸点较低的烯烃蒸出。

【思考题】

1. 在粗制环己烯中，加入食盐使水层饱和的目的何在？

2. 写出下列醇与浓硫酸进行脱水的产物。

3-甲基-1-丁醇；3-甲基-2-丁醇；3,3-二甲基-2-丁醇。

实验 11　正　丁　醚

【实验目的】

1. 掌握醇分子间脱水制备醚的反应原理和实验方法。

2. 掌握分水器的使用方法。

【实验原理】

醇分子间脱水生成醚是制备简单醚的常用方法。用硫酸作为催化剂，在不同温度下正丁醇和硫酸作用生成的产物会有不同，主要是正丁醚或丁烯，因此反应须严格控制温度。由于反应是可逆的，采用蒸出反应产物（水）的方法，使反应向有利于生成醚的方向移动。

主反应：

$$2CH_3CH_2CH_2CH_2OH \xrightarrow{H_2SO_4,135℃} CH_3CH_2CH_2CH_2OCH_2CH_2CH_2CH_3 + H_2O$$

副反应：

$$CH_3CH_2CH_2CH_2OH \xrightarrow{H_2SO_4} CH_3CH_2CH = CH_2 + H_2O$$

【试剂】

12.4mL（10.06g，0.136mol）正丁醇；1.8mL 浓硫酸；5％的氢氧化钠；饱和氯化钙溶液；无水氯化钙。

【实验步骤】

在 50mL 三口烧瓶中加入 12.4mL（10.06g，0.136mol）的正丁醇，边摇边加 1.8mL 浓硫酸，充分摇匀[1]，加入沸石。三口瓶一侧口装上温度计，温度计水银球浸入液面以下，中间口装分水器，在分水器中预先加满水，然后放出 1.4mL 水[2]，分水器上接一回流冷凝管，另一侧口用塞子塞紧［图 1.2(f)］。

将烧瓶用电热套小火加热，保持反应物微沸，回流分水。随着反应进行。回流液经冷凝管收集于分水器中，由于相对密度不同，水往下沉，有机液浮在水面，上层的有机液体积至分水器支管时，即可流回烧瓶。当反应瓶内反应物温度上升至 135℃左右[3]，分水器全部被水充满时，停止反应，大约需要 1.5h。

待反应液冷至室温后，倒入盛有 20mL 水的分液漏斗中，充分振摇，静置分层后弃去下层液体，上层粗产物依次用 10mL 水、6mL 5％的氢氧化钠溶液[4]、6mL 水和 6mL 饱和氯化钙溶液洗涤，然后用无水氯化钙干燥。将干燥后的产物滤入 50mL 蒸馏瓶中，蒸馏收集140～144℃馏分，产量 2～3g。

【注释】

[1]　如不充分摇动，硫酸局部过浓，加热后易使反应溶液变黑。

[2]　按反应方程式计算，生成水约为 1.2mL 左右，实际分出水的体积略大于理论计算量，因为有单分子脱水的副产物生成。故分水器中放满水后，先分掉约 1.4mL 水。

[3]　制备正丁醚的适宜温度是 130～140℃，但开始回流时，这个温度很难达到，因为正丁醚可与水形成共沸物（沸点 94.1℃，含水 33.4％）。另外，正丁醚与水及正丁醇也可形成三元共沸物（沸点 90.6℃，含水 29.9％，正丁醇 34.6％），正丁醇也可与水形成共沸物（沸点 93℃，含水 44.5％），故一般在 100～115℃之间反应半小时之后才可达到 130℃以上。

[4]　在碱洗过程中，不要太剧烈地摇动分液漏斗，否则生成的乳浊液很难破坏，导致分离困难。

【思考题】

1. 试根据本实验正丁醇的用量计算应生成的水的体积。

2. 反应物冷却后为什么要倒入水中？各步的洗涤目的何在？

实验 12　三 苯 甲 醇

【实验目的】

1. 了解由 Grignard 试剂与酯反应制备叔醇的原理及操作。
2. 初步掌握有机合成无水操作方法，了解并掌握水蒸气蒸馏的原理及操作。
3. 进一步巩固机械搅拌、蒸馏、重结晶等基本操作。

【实验原理】

格氏试剂是有机合成中应用最广泛的金属有机试剂。其化学性质十分活泼，可以与醛、酮、酯、酸酐、酰卤、腈等多种化合物发生亲核加成反应，常用于制备醇、醛、酮、羧酸及各种烃类。

本实验通过苯甲酸乙酯与两分子 Grignard 试剂苯基溴化镁的反应制备三苯甲醇。首先溴苯和镁在无水乙醚环境中经过碘单质的引发反应合成格氏试剂，然后格氏试剂亲核进攻苯甲酸乙酯的羰基，得到二苯酮以及 EtOMgBr，而后二苯酮继续与格氏试剂作用，格氏试剂亲核进攻二苯酮的羰基，最后与氯化铵水溶液作用得到产物。未反应完全的原料溴苯和副产物联苯用水蒸气蒸馏方法除去。

主反应：

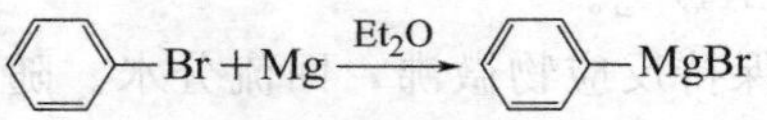

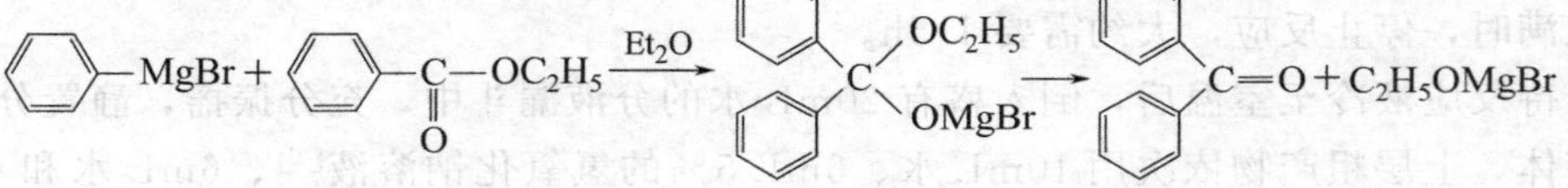

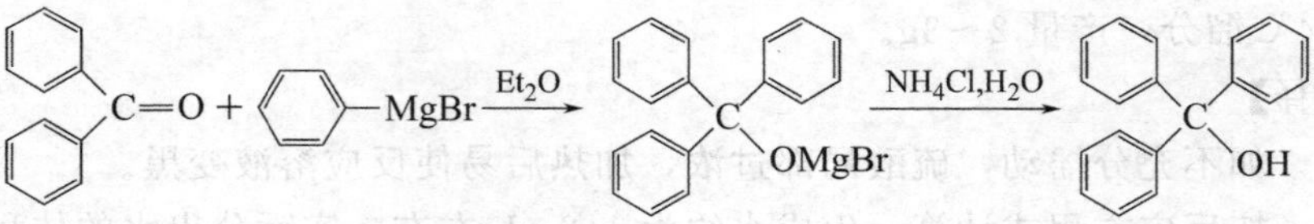

二苯基溴化镁反应图示

副反应：

联苯生成反应图示

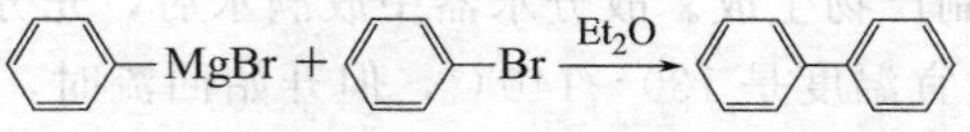

【试剂】

0.75g（0.0309mol）镁屑；4.8g（3.2mL，0.0306mol）溴苯（新蒸）；2.0g（1.9mL，0.0133mol）苯甲酸乙酯；3.75g 氯化铵；无水乙醚；乙醇。

【实验步骤】

在 250mL 三口圆底烧瓶上装置搅拌器、冷凝管及恒压滴液漏斗[1]，冷凝管上口装一个干燥管[2]［图 1.4(c)］。在上述瓶内放置 0.75g 镁屑[3]，加一小粒碘[4~6]。在恒压滴液漏斗内混合 4.8g 溴苯和 13mL 无水乙醚，将约 1/3 的混合液滴入上述烧瓶。

待反应开始后（此时溶液变浑浊，碘的颜色开始消失；若不发生反应，可用水浴温热

60

反应瓶），慢慢滴入其余的溴苯乙醚溶液，滴加速度保持溶液呈微沸状态[7]，滴加完毕后，水浴回流 0.5h。将已制好的格氏试剂置于冷水浴中，搅拌下滴加 1.9mL 苯甲酸乙酯和 5.0mL 无水乙醚的混合物（1 滴/秒）[8]。滴加完毕后，水浴回流 0.5h。将反应物用冰水浴冷却，由恒压滴液漏斗慢慢滴加由 3.75g 氯化铵配成的饱和溶液（约需 14mL 水）[9]。

将反应装置改为蒸馏装置，水浴上蒸去乙醚（注意：蒸馏时真空尾接管的支管口接橡皮管深入水槽中）。如图 1.5 所示，将残余物进行水蒸气蒸馏[10]，蒸馏至馏出物没有油珠。剩余物冷却，抽滤。用 80％乙醇重结晶，抽滤，干燥。产品约 2.0～2.5g。

三苯甲醇为无色棱状晶体，熔点 162.5℃。

【注释】

[1]   使用仪器及试剂必须干燥：三口瓶、滴液漏斗、球形冷凝管、干燥管、量筒等预先烘干；反应溶剂乙醚经金属钠处理放置一周后，制备成无水乙醚使用。

[2]   在安装干燥管时，先在干燥管球体下支管口塞上脱脂棉（以防干燥剂落入冷凝管），再加入粒状的氯化钙颗粒（若是粉末易使整个装置呈密闭状态，产生危险）。

[3]   镁屑不宜长期放置。如长期放置，镁屑表面常有一层氧化膜，可采用下法除之：用 5％盐酸溶液作用数分钟后，依次用水、乙醇、乙醚洗涤。抽干后置于干燥器内备用。也可用镁条代替镁屑，用时用细砂纸将其擦亮，剪成小段。

[4]   Grignard 反应的仪器尽可能进行干燥，有时作为补救和进一步措施清除仪器所形成的水化膜，可将已加入镁屑和碘粒的三口瓶在电热套上小心加热几分钟，使之彻底干燥。烧瓶冷却时可通过氯化钙干燥管吸入干燥空气。在加入溴苯醚溶液前，需将烧瓶冷至室温。关闭电源。

[5]   溴苯中的卤素不活泼，在形成 Grignard 试剂的过程中往往有一个诱导期，作用非常慢，甚至需要加温或者加入少量碘诱发反应。诱导期过后反应变得非常剧烈，需要用冰水或冷水在反应器外面冷却，使反应缓和下来。

[6]   碘粒不能加多，否则碘颜色无法消失，得到产品为棕红色，也易产生副反应，即偶合反应。

[7]   由于制 Grignard 试剂时放热易产生偶合等副反应，故滴溴苯醚混合液时需控制滴加速度。

[8]   滴入苯甲酸乙酯后，应注意反应液颜色变化：原色—玫瑰红—橙色—原色。此步是关键。若无颜色变化，此实验很可能失败。

[9]   饱和氯化铵溶液溶解三苯甲醇加成产物时，若产生氢氧化镁沉淀太多，可加几毫升稀盐酸来溶解产生的絮状氢氧化镁沉淀，或者在后面水蒸气蒸馏时（有大量水时），滴加几滴浓盐酸来溶解呈白色沉淀的氢氧化镁沉淀，否则溶液很难蒸至澄清。

[10]   水蒸气蒸馏时注意安全玻管、导气管插入瓶底，撤火前先将连接两个导气管的胶管拆开，以防倒吸。

【思考题】

1. 如苯甲酸乙酯或乙醚中含有乙醇，对反应有何影响？

2. 本实验为什么要对反应仪器绝对干燥？

3. 蒸馏乙醚时应注意什么问题？

实验 13　环　己　酮

【实验目的】

1. 学习仲醇用铬酸氧化法制备环己酮的原理和方法。

2. 进一步巩固搅拌、萃取、干燥、蒸馏等基本操作。

【实验原理】

环己酮是应用非常广泛的石油化工原料，环己酮主要用来工业合成己二酸和己内酰胺，另外环己酮由于其具有溶解能力强、低毒及价格便宜等特点，作为有机溶剂已用于各种涂料、油漆、油墨及树脂的溶剂和稀释剂，还用于感光、磁性记录材料涂布溶剂等。

$$3\ \text{OH} + Na_2Cr_2O_7 + 4H_2SO_4 \longrightarrow 3\ \text{O} + Cr_2(SO_4)_3 + Na_2SO_4 + 7H_2O$$

【试剂】

5.3mL 环己醇（5.0g，0.05mol）；5.3g 重铬酸钠（0.018mol）；4.5mL 硫酸；精盐；乙醚；无水碳酸钾。

【实验步骤】

在 200mL 烧杯内，溶解 5.3g（0.018mol）重铬酸钠于 30mL 水中，然后在搅拌下，慢慢加入 4.5mL 浓硫酸，得一橙红色溶液，冷至 30℃ 以下备用。在 100mL 圆底烧瓶中，加入 5.3mL（0.05mol）环己醇，然后一次加入上述制备好的铬酸溶液，摇振使其充分混合。

在混合溶液中放入一温度计，测量初始反应温度，并观察温度变化情况[1]，控制反应温度在 55～60℃ 之间[2]。约 0.5h 后，温度出现下降趋势，再放置 0.5h 以上。其间要不时摇振，使反应完全，反应液为墨绿色[3]。在反应瓶内加入 30mL 水和几粒沸石，安装成蒸馏装置，将环己酮与水一并蒸馏出来，直至馏出液不再浑浊后再多蒸 7～10mL[4]，约收集 25mL 馏出液。

馏出液约用 6g 精盐饱和后，移入分液漏斗，静置后分出有机层（环己酮）。水层用 8mL 乙醚提取一次，合并有机层与萃取液，用无水碳酸钾干燥[5]。先水浴加热蒸馏出乙醚，然后去掉水浴，并将冷凝管改为空气冷凝管，蒸馏收集 151～155℃ 的馏分，得无色透明液体约 3～3.5g。

【注释】

［1］　铬酸氧化醇是一个放热反应，实验中必须严格控制反应温度以防反应过于剧烈，反应中控制好温度，温度过低反应困难，过高则副反应增多。

［2］　反应物不宜过于冷却，以免积累未反应的氧化剂。当氧化剂达到一定浓度时，氧化反应会进行得非常剧烈，有失控的危险。

［3］　橙红的重铬酸盐变成墨绿色的低价铬盐。

［4］　水的馏出量不宜过多，否则即使使用盐析，仍不可避免有少量环己酮溶于水中而损失掉（环己酮在水中的溶解度在 31℃ 时为 2.4g）。

［5］　环己酮和水可形成恒沸物，使其沸点下降，用无水 K_2CO_3 干燥时一定要完全。

【思考题】

1. 本实验为什么要严格控制反应温度在 $55\sim60℃$ 之间，温度过高或过低有什么不好？
2. 本实验的氧化剂能否改用硝酸或高锰酸钾，为什么？
3. 蒸馏产物时为何使用空气冷凝管？

实验 14　二苯乙醇酮

【实验目的】

1. 了解由辅酶维生素 B_1 合成二苯乙醇酮的原理和方法。
2. 巩固回流、过滤、重结晶等实验操作。

【实验原理】

二苯乙醇酮（安息香）是一种重要的有机合成中间体。经典的制备方法是在氰化钠（钾）催化下，由两分子苯甲醛通过缩合反应而得，产率虽高，但毒性很大，既破坏环境，又影响健康。盐酸硫胺素（VB_1，维生素 B_1）是含有噻唑环的化合物，可以用来代替氰化物催化该反应安息香缩合，无毒无污染。

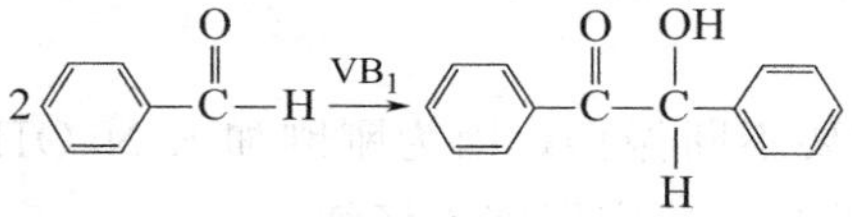

VB_1 分子右边噻唑环上的 S 和 N 之间的氢原子有较大的酸性，在碱的作用下形成碳负离子（类似于 CN^-），进攻苯甲醛的醛基，使羰基碳极性反转，催化安息香的形成。

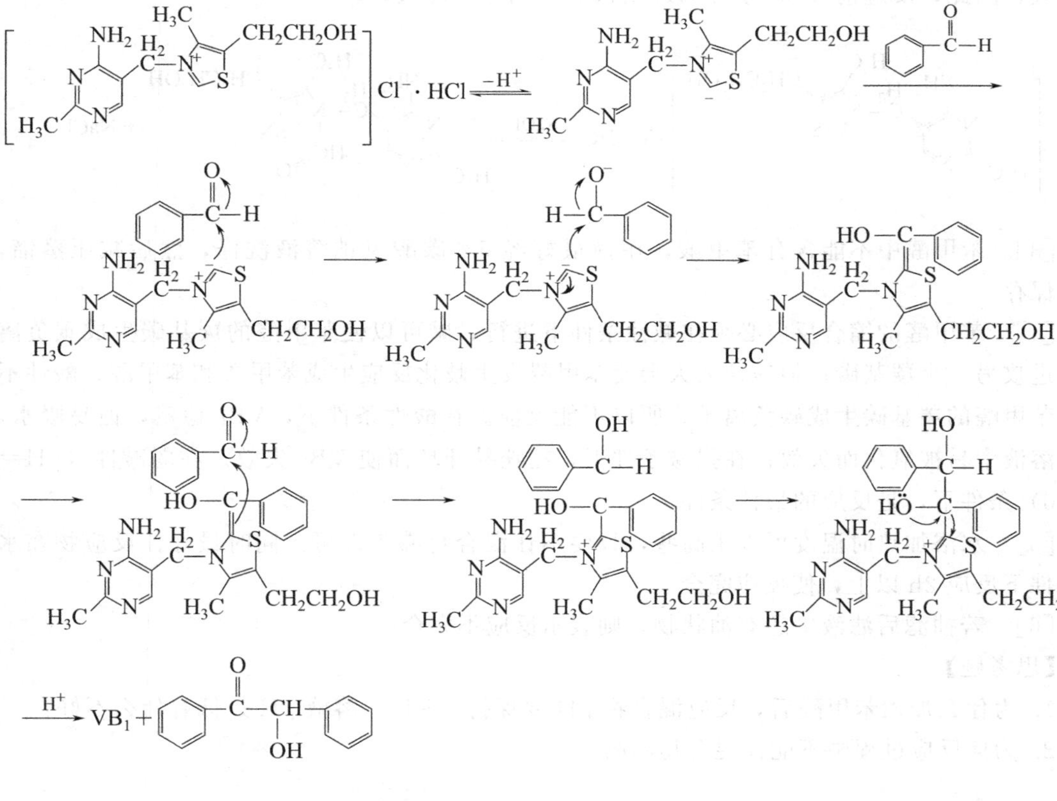

【试剂】

1.75g 维生素 B₁（生化试剂）；10mL 新蒸的苯甲醛；95％乙醇；10％氢氧化钠。

【实验步骤】

在 50mL 圆底烧瓶中，加入 1.75g 维生素 VB₁，3.5mL 蒸馏水，15mL 乙醇，将烧瓶置于冰浴中冷却。同时取 5mL 的 10％氢氧化钠溶液于试管中也置于冰浴中冷却，然后在冰浴冷却下，将氢氧化钠溶液滴加到反应液中，并不断摇荡，调节溶液 pH 为 9～10[1]，此时溶液为黄色[2]，去掉冰水浴后，加入新蒸的苯甲醛[3]，装上回流冷凝管，加上几粒沸石，将混合物置于水浴中温热 1.5～2.0h。反应过程中保持溶液 pH 为 8～9[4]。水浴温度为 65～75℃[5]，切勿将混合物加热至沸腾，此时反应混合物呈橘黄或橘红色均相溶液。将反应混合物冷却至室温，析出浅黄色的结晶。将烧瓶置于冰水浴中充分冷却使结晶完全。若产物呈油状物析出，应重新加热使成均相，再慢慢冷却重结晶[6]。必要时可用玻璃棒摩擦瓶壁或投入晶种，抽滤，用冷水分两次洗涤，结晶。粗产品用 95％的乙醇重结晶（安息香在沸腾的 95％乙醇中的溶解度为 12～14g/100mL），若产物呈黄色，可加入少量的活性炭脱色或用少量冰丙酮洗涤。将产物置于表面皿中晾干、称重，产品约 4.5g。

纯安息香为白色针状晶体，熔点为 134～136℃。

【注释】

[1]　在滴加乙醇时一定要不断振摇，因为刚刚加入 NaOH 时 pH 较高，而振摇后 pH 会有所下降。要保证 pH 达到 10，一定要细心仔细。

[2]　维生素 B₁ 露置在空气中，易吸收水分。在碱性溶液中容易分解变质，噻唑环开环失效，因此，反应前 VB₁ 与 NaOH 溶液必须用冰水冷透。

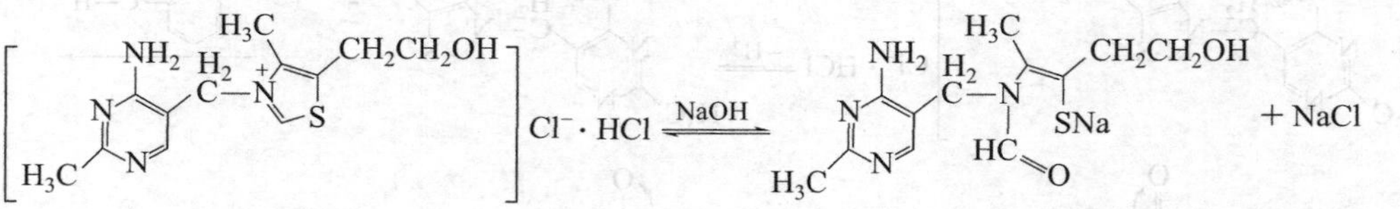

[3]　苯甲醛中不能含有苯甲酸，用前最好经 5％碳酸氢钠溶液洗涤，然后减压蒸馏，避光保存。

[4]　苯甲醛的缩合反应必须在碱性条件下进行，碱可以使苯甲醛的羰基碳生成碳负离子，进攻另一个羰基碳；但碱性太大会使苯甲醛发生歧化反应生成苯甲酸和苯甲醇；酸性不能使苯甲醛的羰基碳生成碳负离子，所以不能反应。在酸性条件下，VB₁ 稳定，但易吸水，在水溶液中易被氧化而失效；在强碱条件下，噻唑易开环而使 VB₁ 失效。在弱碱性（pH＝9～10）条件下，是反应的最佳条件。

[5]　水浴加热时温度可以稍高些，只要不让混合物沸腾即可。同时最好让反应物在水浴条件下反应 2h 以上，使反应完全。

[6]　若抽滤后滤液中还有油状物，则表示反应不完全。

【思考题】

1. 为什么加入苯甲醛后，反应混合物 pH 要保持 9～10？溶液 pH 过低有什么不好？

2. 为何反应过程中不能让混合物沸腾？

实验 15　苯甲酸和苯甲醇

【实验目的】

1. 学习苯甲醛在浓碱条件下进行 Cannizzaro 反应得到苯甲醇和苯甲酸的原理和方法。
2. 巩固蒸馏、萃取和重结晶的实验操作。

【实验原理】

无 a-H 的醛在浓碱溶液作用下发生歧化反应，一分子醛被氧化成羧酸（在碱性溶液中成为羧酸盐），另一分子醛则被还原成醇，此反应称为 Cannizzaro 反应。本实验采用苯甲醛在浓氢氧化钾溶液中发生 Cannizzaro 反应制备苯甲酸和苯甲醇，反应式如下：

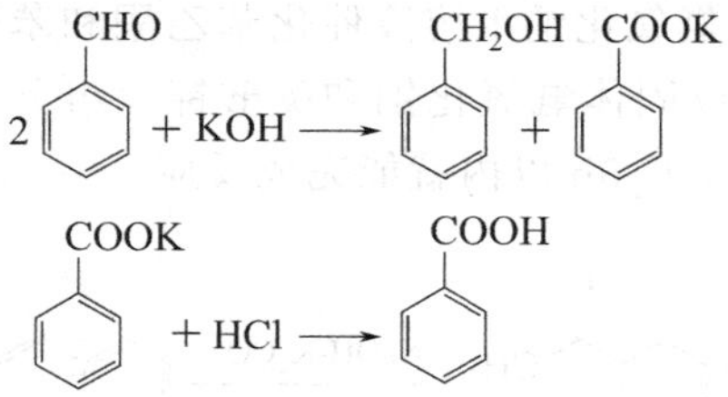

【试剂】

4.5g（0.08mol）氢氧化钾；5mL（5.2g，0.049mol）苯甲醛；乙醚；饱和亚硫酸氢钠溶液；10％碳酸钠溶液；无水碳酸钾；浓盐酸。

【实验步骤】

在 50mL 锥形瓶中配制 4.5g 氢氧化钾和 4.5mL 水的溶液，冷至室温，在不断搅拌下，分批加入 5mL 新蒸苯甲醛[1]，用橡皮塞塞紧瓶口。

用力振摇[2]，使反应物充分混合。若反应温度过高、可适时地将锥形瓶放入冷水浴中冷却。最后成为白色糊状物，放置 24h 以上。

向反应混合物中逐渐加入足够量的水（约 20mL），不断振摇，使其中的苯甲酸盐全部溶解。将溶液倒入分液漏斗中，用 10mL 乙醚萃取 3 次，合并乙醚萃取液，并依次用 3mL 饱和亚硫酸氢钠溶液、5mL 10％碳酸钠溶液及 5mL 水洗涤，分出的乙醚层用无水碳酸钾干燥。干燥后的乙醚溶液在水浴上蒸去乙醚，然后改用空气冷凝管，继续加热蒸馏，收集 198～204℃的苯甲醇馏分，产量约 1.5g。乙醚萃取后的水溶液，用浓盐酸酸化至使刚果红试纸变蓝，充分冷却，使苯甲酸析出完全，抽滤，粗产物用水重结晶得苯甲酸，产量约 2g。

纯净的苯甲醇为无色液体，沸点为 205.35℃，折射率 n_D^{20} 1.5396。纯净的苯甲酸为无色晶体，熔点为 122.4℃。

【注释】

[1]　苯甲醛容易被空气氧化，所以使用前应重新蒸馏，收集 179℃的馏分。最好采用减压蒸馏，收集 62℃/1.333kPa（10mmHg）的馏分或 90.1℃/5.332kPa（40mmHg）的馏分。

[2]　充分振摇是反应成功的关键。如混合充分，放置 24h 后，混合物通常在瓶内固化，苯甲醛气味消失。

【思考题】

1. 本实验中两种产物是根据什么原理分离提纯的，用饱和亚硫酸氢钠及 10％碳酸钠溶液洗涤的目的何在？

2. 乙醚萃取后的水溶液，用浓盐酸酸化到中性是否合适，为什么？

实验 16　苯亚甲基苯乙酮

【实验目的】

1. 学习碱催化下苯甲醛与苯乙酮的羟醛缩合反应的原理和实验方法。

2. 了解无溶剂反应的特点和方法。

【实验原理】

苯亚甲基苯乙酮，又称查尔酮，在医药和日用化学品领域有广泛的应用。传统合成方法是以乙醇为反应溶剂，10％的氢氧化钠水溶液催化苯乙酮和苯甲醛发生羟醛缩合脱水而得，反应一般需 1.5～2h。本实验以固体氢氧化钠和碳酸钾双组分碱为催化剂，无溶剂条件下，室温研磨制备苯亚甲基苯乙酮，0.5h 以内就能完成反应。

【试剂】

2.5mL（2.65g，0.025mol）苯甲醛；3.0mL（6.12g，0.026mol）苯乙酮；0.1g 氢氧化钠（0.0025mol）；1.74g 碳酸钾（0.0125mmol）；95％乙醇。

【实验步骤】

称取 0.1g 氢氧化钠[1]和 1.74g 碳酸钾，在研钵中混合并研成细粉。然后量取 2.5mL 苯甲醛和 3.0mL 苯乙酮，加到研钵中，室温下持续研磨约 10～20min[2]。

混合物完全呈固状物后停止研磨，加入 15mL 水，充分搅拌[3]，抽滤，所得固体用水洗反复洗涤三次，干燥后约 5.0g 固体。粗产品可用 95％乙醇重结晶得到浅黄色片状晶体[4]，熔点为 56～57℃[5]。

【注释】

[1]　由于氢氧化钠易吸水变黏，称量时动作要快。

[2]　研磨时要注意如果有固体黏在研钵壁上，要刮下来充分研磨；研磨时间与室温的高低和研磨的力度有一定关系。

[3]　因为催化剂氢氧化钠和碳酸钾容易夹杂在固体中，所以要充分搅拌使催化剂溶解到水中。

[4]　苯亚甲基苯乙酮熔点较低，在乙醇中回流时会呈熔融油状物，需加溶剂使之真正溶解。本品可引起某些人皮肤过敏，故操作时要避免和皮肤接触。

[5]　纯粹的苯亚甲基苯乙酮有几种不同的晶体形态，其熔点分别为：α 体 58～59℃（片状）；β 体 56～57℃（棱状或针状）；γ 体 48℃。通常得到的是片状的 α 体。

【思考题】

1. 试写出碱催化下苯甲醛与苯乙酮反应制备苯亚甲基苯乙酮的反应机理。

2. 相对于传统制备方法，无溶剂反应制备苯亚甲基苯乙酮有什么优点？

【参考文献】

1. Shan Z X, Luo X X, Hu L, Hu X Y. New observation on a class of old reaction chemoselectivity for the solvent-free reaction of aromatic aldehydes with alkylketones catalyzed by a double-component inorganic base system. Sci China Chem, 2010, 53 (5): 1095-1101.

2. 胡晓允, 周忠强, 单自兴. 苯亚甲基苯乙酮合成方法的改进. 广州化工, 2013, 41 (3): 50-51.

实验 17　己　二　酸

【实验目的】

1. 学习用环己醇氧化制备己二酸的原理和方法。

2. 掌握电动搅拌器的使用方法及浓缩、过滤、重结晶等基本操作。

【实验原理】

己二酸是一种重要的有机二元酸，主要用于制造尼龙 66 纤维和尼龙 66 树脂，聚氨酯泡沫塑料，还可用于生产润滑剂、增塑剂己二酸二辛酯，也可用于医药等方面。本实验采用高锰酸钾氧化环己醇制备己二酸。

$$3\ \text{环己醇} + 8KMnO_4 + H_2O \longrightarrow 3HO_2C(CH_2)_4CO_2H + 8MnO_2 + 8KOH$$

【试剂】

2.1mL（2g，0.02mol）环己醇；6g（0.038mol）高锰酸钾；10％氢氧化钠溶液；亚硫酸氢钠；浓盐酸；活性炭。

【实验步骤】

在装有机械搅拌装置、温度计的 250mL 三颈烧瓶中加入 50mL 水和 5mL 10％氢氧化钠溶液，开动搅拌器，分批加入 6g 研细的高锰酸钾。待高锰酸钾溶解后，用滴管缓慢滴加 2.1mL 环己醇[1]。控制滴加速度，使反应温度维持在 45℃ 左右[2]。滴加完毕，反应温度开始下降时，将混合物用沸水浴加热 5min，促使反应完全并使二氧化锰沉淀凝结。

用玻璃棒蘸一滴反应混合物点到滤纸上做点滴实验。如在棕色二氧化锰点的周围出现紫色的环，表明有高锰酸盐存在，向混合物中加入少量固体亚硫酸氢钠直到点滴试验无紫色环出现为止。

将混合物趁热抽滤，用少量热水洗涤滤渣 3 次。将滤液与洗涤液合并，用约 4mL 浓盐酸酸化，使溶液呈强酸性。加少量活性炭煮沸脱色，趁热抽滤。将滤液转移至干净烧杯中，小火加热蒸发，使溶液浓缩至 10mL 左右[3]。冷却，结晶完全后抽滤。干燥，得白色己二酸晶体 1.5～2g，熔点 151～152℃。

【注释】

[1] 环己醇要逐滴加入，否则，因反应强烈放热，使温度急剧升高而难以控制。

[2] 反应温度不可过高，否则反应难以控制，易引起混合物冲出反应器，有时还会发生爆炸事故。

[3] 加热不要过猛，以防液体外溅。溶液浓缩至 10mL 左右后停止加热，让其自然

冷却。

【思考题】

1. 反应完后如果反应混合物做点滴实验有紫色环出现,为什么要加入亚硫酸氢钠?
2. 本实验得到的溶液为什么要用盐酸酸化?是否还可用其他酸酸化?为什么?

实验 18　对硝基苯甲酸

【实验目的】

1. 了解由对硝基甲苯用氧化法(氧化剂为重铬酸钠-硫酸)制备羧酸的原理和方法。
2. 掌握机械搅拌装置和滴液漏斗的使用,巩固抽滤与重结晶的操作。

【实验原理】

羧酸是重要的有机化工原料。制备羧酸的方法很多,最常用的是氧化法,烯、醇、醛等氧化都可以制备羧酸,所用氧化剂有重铬酸钠/硫酸、高锰酸钾、硝酸、过氧化氢及过氧酸等。

芳烃侧链氧化是制备芳香族羧酸最重要的方法。芳环上侧链不论长短,只要有 α-氢最后都被氧化为苯甲酸,因为侧链氧化是从进攻与苯环直接相连的碳氢键开始的,不含 α-氢的侧链不被氧化。

当芳环上存在卤素、硝基、磺酸基等基团时不影响侧链的氧化;但当芳环上存在羟基和氨基等易被氧化基团时,反应物被氧化为复杂产物;烷氧基及乙酰氨基的存在不影响烷基侧链氧化,并可使羧酸产率提高。

对硝基苯甲酸是一种用途极广的医药、农药和染料中间体。如,医药上用来全合成局部麻醉药物盐酸普鲁卡因、普鲁卡因铵盐酸盐。本实验用酸性重铬酸钠氧化对硝基甲苯合成对硝基苯甲酸。

$$\underset{CH_3}{\underset{|}{\overset{NO_2}{\overset{|}{\bigcirc}}}} + Na_2Cr_2O_7 + 4H_2SO_4 \longrightarrow \underset{COOH}{\underset{|}{\overset{NO_2}{\overset{|}{\bigcirc}}}} + Na_2SO_4 + Cr_2(SO_4)_3 + 5H_2O$$

【试剂】

2.74g(0.020mol)对硝基甲苯;8.21g(0.031mol)重铬酸钠;浓硫酸;氢氧化钠;乙醇。

【实验步骤】

在 125mL 三颈瓶中,加入 2.74g 对硝基甲苯,8.21g 重铬酸钠粉末及 20mL 水,装置搅拌器、冷凝管及滴液漏斗 [图 1.4(a)]。

在搅拌[1]下自滴液漏斗慢慢滴入 11.5mL 浓硫酸。反应开始后,温度很快上升,反应混合物的颜色逐渐变深变黑。必要时可用冷水冷却,以免温度过高使对硝基甲苯挥发而凝结在冷凝管管壁上。加完硫酸后,将烧瓶在电热套上加热,搅拌回流 0.5h,反应液呈黑色。反应过程中,冷凝管内可能有白色针状的对硝基甲苯析出,这时可适当关小冷凝水,使其熔融滴下。

待反应物冷却后,在搅拌下加入 40mL 冰水,立即有沉淀析出。抽滤,用 23mL 水分两次洗涤滤饼,粗产物对硝基苯甲酸为黄黑色固体。将固体放入盛有 15mL 5%硫酸的烧杯中,在沸水浴上加热 10min，以溶解未反应的铬盐[2]。冷却后抽滤，将所得的沉淀溶于 23mL 5%的氢氧化钠溶液中，在 50℃温热后抽滤[3]，滤液中加入 0.5g 活性炭煮沸后趁热过滤。冷却后在充分搅拌下将滤液慢慢倒入盛有 27mL 15%硫酸溶液的烧杯中[4]，析出黄色沉淀，抽滤，用少量冷水洗涤两次，干燥后称量，产物已足够纯净。

　　如需进一步提纯，可用乙醇-水重结晶，产品为浅黄色的针状结晶，溶点 241～242℃，产量约 2.3g。

　　【注释】

　　[1]　机械搅拌器开始搅拌前把旋钮调到最低速，打开电源开关后慢慢调高转速，以免突然高速搅拌发生意外。

　　[2]　粗产品放入盛有 15mL 5%硫酸的烧杯中，在沸水浴上加热 10min 除去未作用的铬盐（重铬酸钠生成硫酸铬溶于水）。

　　[3]　除去未作用的对硝基甲苯（熔点 51.3℃）及进一步除去铬盐（生成氢氧化铬沉淀）。温度太高（＞51.3℃）对硝基甲苯熔成液体不能滤去，温度太低（＜50℃）则对硝基苯甲酸钠会从水中析出被滤出。

　　[4]　若硫酸反加入滤液中，生成的沉淀会包裹一些钠盐影响产物纯度。中和时应加足量酸使溶液呈强酸性。

　　【思考题】

　　1. 为何要将粗产品放入盛有 15mL 5%硫酸的烧杯中，在沸水浴上加热 10min？

　　2. 为何要将沉淀溶于 5%氢氧化钠溶液中并在 50℃附近过滤？

实验 19　肉　桂　酸

【实验目的】

1. 学习肉桂酸的制备原理及方法。

2. 巩固水蒸气蒸馏及重结晶操作。

【实验原理】

　　肉桂酸，又名 β-苯丙烯酸、3-苯基-2-丙烯酸，是从肉桂皮或安息香分离出的有机酸，主要用于香精香料、食品添加剂、医药工业、美容、农药、有机合成等方面。

　　肉桂酸有顺式和反式两种异构体。顺式异构体不稳定，在较高的反应温度下容易转变为热力学更稳定的反式异构体。利用 Perkin 反应，将苯甲醛与乙酸酐混合后在醋酸钾存在下加热，发生缩合反应，可制得肉桂酸。用碳酸钾代替 Perkin 反应中的醋酸钾，反应时间短，产率高。

$$PhCHO + (CH_3CO)_2O \xrightarrow{K_2CO_3} PhCH = CHCOOH + CH_3COOH$$

【试剂】

　　1.59g（1.5mL，0.015mol）苯甲醛；4.3g（4mL，0.042mol）乙酸酐；2.2g（0.016mol）无水碳酸钾；10%氢氧化钠；浓盐酸；刚果红试纸。

【实验步骤】

　　向 100mL 三颈烧瓶中加入 2.2g（0.016mol）研细的无水碳酸钾[1]、1.5mL

（0.015mol）苯甲醛以及 4mL（0.042mol）乙酸酐[2]，混合均匀后加热回流 45min[3]。

反应物冷却后向其中加入 15mL 热水，将装置改成水蒸气蒸馏装置（图 1.5），水蒸气蒸馏至馏出液无油珠为止。冷却后向烧瓶中加入 10mL 10％氢氧化钠溶液，使所有的肉桂酸形成钠盐而溶解。抽滤，将滤液倒入烧杯中，在搅拌下慢慢滴加浓盐酸至刚果红试纸变蓝。冷却，结晶完全后抽滤，用少量冷水洗涤滤饼，干燥后称重，粗产物约 1.2～1.5g。若要得到较纯的肉桂酸可将粗产物用体积比为 3∶1 的水-乙醇溶液重结晶。纯肉桂酸（反式）为白色片状结晶，熔点为 133℃。

【注释】

　　[1]　仪器应是干燥的，无水碳酸钾使用前要烘干。

　　[2]　苯甲醛放久后易氧化生成苯甲酸，乙酸酐久置后易吸潮水解，所以在使用前一定要重新蒸馏。

　　[3]　开始加热不要过猛，温度太高，易引起脱羧、聚合等副反应，故反应温度一般控制在 150～170℃左右。

【思考题】

1. 水蒸气蒸馏除去什么物质？

2. 苯甲醛与丙酸酐在碳酸钾存在下相互作用，其产物是什么？

实验 20　邻苯二甲酸二丁酯

【实验目的】

1. 了解由邻苯二甲酸酐与正丁醇进行酯化反应制备邻苯二甲酸二丁酯的原理和方法。

2. 巩固分水器的使用、回流和减压蒸馏的操作。

【实验原理】

邻苯二甲酸二丁酯简称 DBP，是一种常用的增塑剂，也用作胶粘剂和印刷油墨的添加剂。本实验采用邻苯二甲酸酐与正丁醇在硫酸催化下反应制备邻苯二甲酸二丁酯。

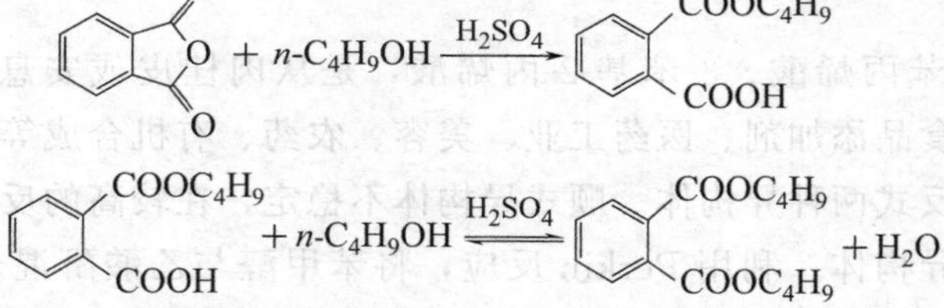

第一步反应进行迅速而完全，第二步反应是可逆反应，为了促使反应向右进行，使用过量的正丁醇，并利用分水器把反应过程中生成的水不断地从反应体系中移去。

【试剂】

4.5g（0.03mol）邻苯二甲酸酐；10mL（8.1g，0.11mol）正丁醇；浓硫酸；5％碳酸钠溶液；饱和食盐水。

【实验步骤】

在 100mL 三颈瓶中加入 4.5g（0.03mol）邻苯二甲酸酐，10mL（8.1g，0.11mol）正丁醇和 0.2mL 浓 H_2SO_4，混合均匀。加入沸石，瓶口安装温度计、分水器。在分水器中加入正丁醇至液面与支管口平，上装回流冷凝管［图 1.2(f)］。

用电热套缓慢加热至混合物微沸，邻苯二甲酸酐固体全部消失后，很快就有正丁醇-水的共沸物[1]蒸出，并可看到有小水珠逐渐沉到分水器的底部，正丁醇仍回流到反应瓶中。随着反应的进行，瓶内的反应温度缓慢上升，当温度升至 140℃ 时便可停止反应[2]，约需 2h。

待反应液冷却至 70℃ 以下时，移至分液漏斗中。先用 10mL 5％碳酸钠溶液洗涤二次[3]，然后用温热的饱和食盐水洗涤有机层至中性[4]。转入克氏蒸馏瓶中，先用水泵减压蒸去过量的正丁醇，再用油泵减压蒸馏，收集 180～190℃/10mmHg（200～210℃/20mmHg）的馏分，产量约 6g。

纯邻苯二甲酸二丁酯是无色透明的油状液体，沸点 340℃。折射率 n_D^{20}1.4911。

【注释】

［1］　正丁醇-水共沸物沸点 93℃，含水 44.5％，共沸物冷凝后，在水分离器中分层，上层主要是正丁醇（含水 20.1％），它由分水器上部回流到反应瓶中，下层是水（含正丁醇 7.7％）。

［2］　在酸性条件下，当温度超过 180℃时邻苯二甲酸二丁酯易发生分解反应：

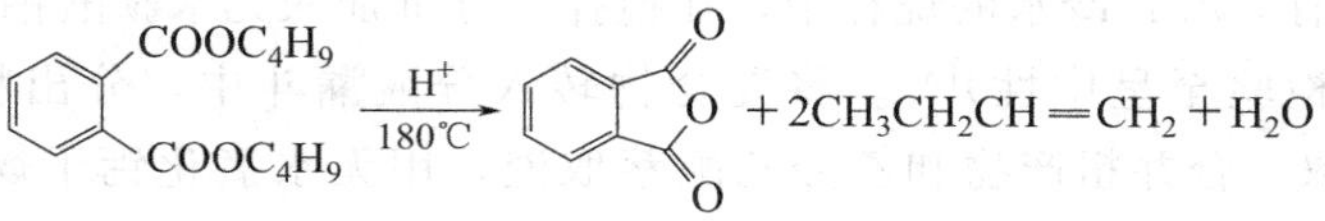

［3］　碱洗时温度不宜超过 70℃，碱的浓度也不宜过高，更不能使用氢氧化钠。否则会发生酯的水解反应。

［4］　用饱和食盐水洗涤一方面是为了尽可能地减少酯的损失，另一方面是为了防止洗涤过程中发生乳化现象，而且这样处理后不必进行干燥即可接着进行下一步操作。

【思考题】

1. 正丁醇在硫酸作用下加热至高温，可能会发生哪些反应？如果浓硫酸用量过多，会有什么不良影响？

2. 用碳酸钠洗涤粗产品的目的是什么？操作时应注意哪些问题？

3. 为什么用饱和食盐水洗涤后不需干燥就可进行蒸馏？

实验 21　苯甲酸乙酯

【实验目的】

1. 掌握酯化反应原理及苯甲酸乙酯的制备方法。

2. 巩固分水器的使用、萃取、干燥、蒸馏等操作。

【实验原理】

苯甲酸乙酯可由苯甲酸与乙醇在硫酸的催化下合成。直接酸催化酯化反应是经典的制备酯的方法，但该反应是可逆反应，反应物间建立一个动态平衡。为了提高酯的转化率，一般使用过量乙醇或将反应生成的水从反应体系中除去，使平衡向生成酯的方向移动，从而提高转化率。该反应采用原料乙醇过量，利用乙醇、环己烷、水三元共沸原理，在反应过程中通过分水器将反应生成的水不断蒸出，使平衡正向移动，提高苯甲酸转化率。

$$\begin{array}{c}\text{COOH}\\ \bigcirc \end{array} + C_2H_5OH \xrightarrow{H_2SO_4} \begin{array}{c}\text{COOC}_2\text{H}_5\\ \bigcirc \end{array} + H_2O$$

【试剂】

4.0g（0.0328mol）苯甲酸；10.0mL（0.17mol）无水乙醇（99.5%）；1.5mL 浓硫酸；10mL 环己烷；10mL 乙酸乙酯；无水氯化钙；碳酸钠。

【实验步骤】

在 50mL 圆底烧瓶中加入 4.0g 苯甲酸，10mL 无水乙醇，10mL 环己烷和 1.5mL 浓硫酸，摇匀[1]，加沸石，再装上分水器，从分水器上端小心加水至分水器支管处再放去 3mL[2]，分水器上端接球形冷凝管［图 1.2(e)］。

将烧瓶在水浴上加热回流，随着回流的进行，分水器中出现了上、下两层，约 1.5h 后，停止加热[3]。放出下层液体并记录体积，继续用水浴加热，使多余的环己烷和乙醇蒸至分水器中（当充满时，可由分水器的活塞放出），然后停止加热。

将残液倒入盛有 30mL 冷水的烧杯中，在搅拌下分批加入无水碳酸钠至无二氧化碳气体产生（用 pH 试纸检验至呈中性)[4]。将混合物转入分液漏斗中，分出粗产物[5]，水层用 10mL 乙酸乙酯萃取。合并粗产物和乙酸乙酯萃取液，用无水氯化钙干燥。蒸出乙酸乙酯，再用电热套加热收集 210～213℃的馏分，产量约 3～4g。

苯甲酸乙酯为无色液体，沸点 213℃，折射率 n_D^{20} 1.5001。

【注释】

[1] 如不充分摇动，硫酸局部过浓，加热后易使反应溶液变黑。

[2] 按反应方程式计算，带出的总水量约为 0.99mL 左右，实际分出水的体积大于理论计算量，因本反应是借共沸蒸馏带走反应中生成的水，故分水器中放满水后，先放去约 3mL 水。

[3] 分水器下层为原来加入的水，由反应瓶中蒸出的馏出液为三元共沸物。它从冷凝管流入水分离器后分为两层，上层主要为环己烷，下层主要为水，达到了分水的目的。

[4] 加碳酸钠的目的是除去硫酸和未作用的苯甲酸，要研细后分批加入，否则会产生大量的气泡而使液体溢出。

[5] 若粗产物中含有絮状物难以分离，则可直接用 15mL 乙酸乙酯萃取。

【思考题】

1. 本实验应用什么原理和措施来提高该平衡反应的产率的？

2. 为什么采用分水器除水？为什么要加环己烷？

3. 浓硫酸的作用是什么？常用酯化反应的催化剂有哪些？

【参考文献】

1. 汪云松，李霁良，何严萍等. 合成苯甲酸乙酯的改进方法-推荐一个大学有机化学实验. 大学化学，2010，25(2)：35-38.

2. 孙林，徐胜广，刘春萍等. 苯甲酸乙酯合成实验的改进. 大学化学，2013，28(3)：52-54.

实验 22　乙酰水杨酸

【实验目的】

1. 通过本实验了解乙酰水杨酸（阿司匹林）的制备原理和方法。

2. 巩固减压过滤等操作。

【实验原理】

乙酰水杨酸（Acetylsalicylic Acid），俗名阿司匹林（Aspirin），又称醋柳酸乙酰水杨酸。阿司匹林是一种历史悠久的解热镇痛药，诞生于 1899 年 3 月 6 日，用于治感冒、发热、头痛、牙痛、关节痛、风湿病，还能抑制血小板聚集，也用于预防和治疗缺血性心脏病、心绞痛、心肺梗塞、脑血栓形成，应用于血管形成术及旁路移植术也有效。乙酰水杨酸是由水杨酸（邻羟基苯甲酸）与乙酸酐发生酯化反应得到的。水杨酸可由水杨酸甲酯，即冬青油（由冬青树叶经蒸汽蒸馏而得）水解而来。

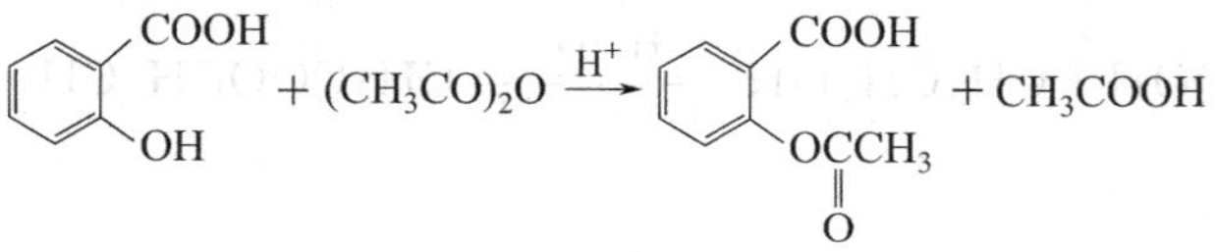

$$\text{（水杨酸）COOH/OH} + (CH_3CO)_2O \xrightarrow{H^+} \text{（乙酰水杨酸）COOH/OCCH}_3\text{(O)} + CH_3COOH$$

【试剂】

2g（0.0145mol）水杨酸；5mL（5.40g，0.0529mol）乙酸酐；浓硫酸；饱和碳酸氢钠；浓盐酸；1%三氯化铁。

【实验步骤】

在 25mL 锥形瓶中加入 5mL 乙酸酐[1]、2.0g 水杨酸和 4 滴浓硫酸。摇动锥形瓶使水杨酸全部溶解，在水浴（85～90℃）上加热 8min。用冷水冷却使结晶析出。加入 50mL 水，继续用冰水冷却使结晶完全析出。

抽滤并用少量水洗涤结晶，滤干后所得粗产物转移到 100mL 烧杯中，加入 25mL 饱和碳酸氢钠溶液，搅拌至无 CO_2 气泡产生。抽滤，滤液倒入盛有酸液（4mL 浓 HCl＋10mL 水）的 50mL 烧杯中，搅拌，用冰水冷却结晶，抽滤并用少量水洗涤结晶。经干燥得产品约 1.2～1.6g。

产品外观：白色晶体。熔点 135～136℃[2]。

取几粒结晶加入盛有 3mL 水的试管中，加入 1～2 滴 1%$FeCl_3$ 溶液观察有无颜色反应[3]。

【注释】

[1]　乙酸酐须重新蒸馏，水杨酸需预先干燥。

[2]　产品乙酰水杨酸易受热分解，因此熔点不明显，它的分解温度为 128～135℃。

[3]　为了检验产物中是否含有水杨酸，利用水杨酸属酚类物质可与三氯化铁发生颜色反应的特点，取几粒水杨酸结晶加入盛有 3mL 水的试管中，加入 1～2 滴 1%$FeCl_3$ 溶液观察有无颜色反应（紫色）。

【思考题】

1. 反应中有哪些副产品，如何除去？

2. 反应中加入浓硫酸的目的是什么？

实验 23　乙 酸 乙 酯

【实验目的】

1. 了解酸催化有机酸和醇反应合成酯的基本原理和方法。

2. 掌握回流、洗涤、液体干燥等基本操作，巩固普通蒸馏操作。

【实验原理】

在浓硫酸催化下，乙酸和乙醇可以生成乙酸乙酯，由于该反应是一个可逆反应，当反应达到平衡后，乙酸乙酯的产量就不再随着反应时间的增长而增加。为了提高乙酸乙酯的产率，本实验采用增加乙醇的用量和不断将反应生成的乙酸乙酯和水蒸出的办法，使平衡向右移动。在工业生产中，往往采用加入过量的乙酸，以便使乙醇转化完全，避免由于乙醇和乙酸乙酯形成二元或三元恒沸物，给分离带来困难。

主反应：

$$CH_3COOH + CH_3CH_2OH \underset{110 \sim 120℃}{\overset{H_2SO_4}{\rightleftharpoons}} CH_3COOCH_2CH_3 + H_2O$$

副反应：

$$CH_3CH_2OH + CH_3CH_2OH \underset{140℃}{\overset{H_2SO_4}{\rightleftharpoons}} CH_3CH_2OCH_2CH_3 + H_2O$$

【试剂】

5.72mL（6.0g，0.1mol）冰醋酸；9.5mL 无水乙醇；浓硫酸；饱和碳酸钠；饱和氯化钠水溶液；饱和氯化钙；无水硫酸镁。

【实验步骤】

在 50mL 圆底烧瓶中加入 9.5mL 无水乙醇和 5.7mL 冰醋酸，在摇动下慢慢加入 2.5mL 浓硫酸，混匀后，加入沸石，然后装上回流冷凝管。

在水浴上加热回流 0.5h。稍冷后，将回流装置改成蒸馏装置，加热蒸出乙酸乙酯，直至不再有馏出物为止。馏出液中含有乙酸乙酯及少量乙醇、乙醚、水和醋酸。

在馏出液中缓慢加入饱和碳酸钠溶液，并不断振荡，直至没有二氧化碳气体逸出，有机层对 pH 试纸呈中性为止。然后将混合液转入分液漏斗，分去下层水溶液。有机层用 5mL 饱和氯化钠水溶液洗涤后[1]，再每次用 5mL 饱和氯化钙溶液洗涤两次[2]。弃去下层液，酯层自分液漏斗上口倒入干燥的锥形瓶中，用无水硫酸镁干燥。

将干燥好的粗乙酸乙酯滤入 50mL 圆底烧瓶中，加入沸石后在水浴上进行蒸馏，收集 73～78℃的馏分。纯粹的乙酸乙酯的沸点为 77.6℃，折射率为 $n_D^{20}1.3727$。

【注释】

[1]　洗涤时注意放气，有机层用饱和氯化钠水溶液洗涤后，尽量将水相分干净。

[2]　用氯化钙溶液洗之前，一定要先用饱和氯化钠水溶液洗，否则会产生沉淀，给分液带来困难。

【思考题】

1. 为什么要用过量的乙醇？如果采用醋酸过量是否可以，为什么？

2. 蒸出的粗乙酸乙酯中主要有哪些杂质？

3. 用饱和氯化钙溶液洗涤，能除去什么，为什么要先用饱和氯化钠水溶液洗涤？是否可用水代替？

实验 24 乙 酰 苯 胺

【实验目的】

1. 了解胺类化合物酰化反应的原理和酰化剂的使用方法。

2. 掌握分馏的原理和操作，巩固重结晶的操作。

【实验原理】

芳胺在有机合成中有着重要的作用。作为一种保护措施，芳伯胺和芳仲胺在合成中通常被转化为它们的乙酰衍生物，以降低芳胺对氧化剂的敏感性，使其不被反应试剂破坏。同时氨基酰化后，降低了它在亲电取代反应中的活化能力，使它由强邻对位定位基变为中等强度的邻对位定位基，另外由于乙酰基的空间效应，往往选择性地生成对位产物。在某些情况下，酰化可以避免氨基与其他官能团或试剂之间不必要的反应，最后在酸碱催化下水解除去乙酰基。

芳胺可用酰氯，酸酐或冰醋酸为酰化剂进行酰化，使用冰醋酸试剂易得，价格便宜，但需要较长的反应时间，适合大规模的制备。酸酐是比酰氯更好的酰化剂，用胺与纯乙酸酐反应时，常伴有副产物二乙酰胺 $[ArN(COCH_3)_2]$ 生成。若在醋酸-醋酸钠的缓冲溶液中，由于酸酐的水解速率比酰化速率慢得多，可以得到高纯度的产物，但此法不适合于硝基苯和其他碱性很弱的芳胺的酰化。

本实验用冰醋酸为酰化剂，生成的乙酰苯胺为无色晶体，具有退热镇痛作用，是较早使用的解热镇痛药，有"退热冰"之称。乙酸与苯胺的反应速率较慢，且反应是可逆的，为了提高乙酰苯胺的产率，一般采用冰乙酸过量的方法，同时利用分馏柱将反应中生成的水从平衡中移去。

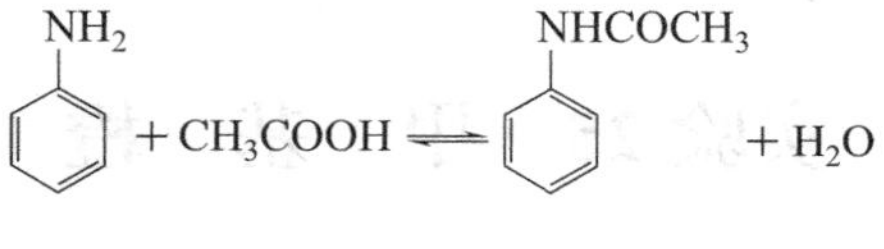

【试剂】

5mL（0.05mol）苯胺；7.5mL（0.13mol）乙酸；0.1g 锌粉；活性炭。

【实验步骤】

在 50mL 圆底烧瓶中加入 5mL 新蒸馏的苯胺（0.05mol）[1]、7.5mL 乙酸（0.13mol）及少许锌粉（约 0.1g）[2]。依次安装分馏柱、温度计、接液管，接液管伸入 10mL 刻度试管作为分馏接收器，置于盛有冷水的烧杯，收集蒸出的水和乙酸。

用电热套将反应液缓慢加热，使反应物保持微沸约 15min。然后逐渐升高温度，保持温度计读数在 105℃左右[3]，约经过 1.5h，反应生成的水及部分醋酸可蒸出（约 4mL），当温度计的读数下降时，反应即达终点，停止加热。

在不断搅拌下，将反应物趁热慢慢倒入盛有 100mL 冷水的烧杯中[4]，继续搅拌，充分冷却，使粗乙酰苯胺成细粒状完全析出。抽滤，用 5～10mL 冷水洗涤粗产品。将粗产品转移到盛有 100mL 热水的烧杯中，加热至沸，如果仍有未溶解的油珠，需补加热水，直到油珠溶解完全，再多加 20％的热水，稍冷，加入 0.2g 活性炭，煮沸几分钟，趁热过滤[5]，冷却滤液，待析出晶体后[6]，抽滤，将产品转移至一个预先称重的表面皿中，晾干或烘干，称重，产品约 4.5～5g。

乙酰苯胺为白色晶体，熔点 114.3℃。

【注释】

[1]　反应所用玻璃仪器必须干燥。久置的苯胺因为氧化而颜色较深，最好使用新蒸馏过的苯胺，冰乙酸在室温较低时凝结成冰状固体，可将试剂瓶置于热水浴中加热熔化后量取。

[2]　加入锌粉的目的，是防止苯胺在反应过程中被氧化，生成有色的杂质。通常加入后反应液颜色会从黄色变无色。但不宜加得过多，因为被氧化的锌生成氢氧化锌为絮状物质会吸收产品。

[3]　反应时分馏温度不能太高，以免大量乙酸蒸出而降低产率。作为产物之一，水和原料醋酸的沸点相差很小，所以用分馏的方法分出水，收集乙酸和水的总体积约 2.25mL，反应时间至少 30min。否则反应可能不完全而影响产率。

[4]　反应物冷却后，固体产物立即析出，粘在瓶壁不易理处。故须趁热在搅动下倒入冷水中，以除去过量的醋酸及未作用的苯胺（它可成为苯胺醋酸盐而溶于水）。

[5]　重结晶时，热过滤是关键一步。布氏漏斗和抽滤瓶一定要预热，滤纸大小要合适，抽滤过程要快，避免产品在布氏漏斗中结晶。

[6]　重结晶过程中，晶体可能不析出，可用玻棒摩擦烧杯壁使晶体析出。

【思考题】

1. 反应时为什么要控制分馏柱上端的温度在 100～110℃之间，温度过高有何不好？

2. 根据理论计算，反应完成时应生成多少毫升水？为什么实际收集的液体远多于理论量？

3. 用醋酸直接酰化和用醋酸酐进行酰化各有什么优点和缺点？除了乙酸及其酸酐外，还有哪些乙酰化试剂？

实验 25　甲　基　橙

【实验目的】

1. 了解由重氮化反应和偶合反应制备甲基橙的原理和方法。通过甲基橙的制备学习重氮化反应和偶合反应的实验操作。

2. 初步掌握冰浴低温反应的装置和操作，巩固重结晶的原理和操作。

【实验原理】

芳香族伯胺在强酸性介质中与亚硝酸作用，生成重氮盐（Diazonium Salt）的反应，称为重氮化反应。这是芳香伯胺特有的性质，芳香族重氮盐 $ArN^+\equiv N:X^-$ 中，重氮基上的 π 电子可以同苯环上的 π 电子重叠，共轭作用使其稳定性较脂肪族重氮盐好。当芳胺氨基邻对位上连有强拉电子基团时，如硝基、磺酸基时，重氮盐比较稳定，且重氮盐亲电能力增强，有利于偶联反应发生。

重氮盐的制备方法是将芳胺溶于过量的稀酸中（2.5～3 倍量的酸），一份与等量亚硝酸钠生成酸，一份生成重氮盐。过量的酸是为了维持溶液的酸度，防止重氮盐与未反应的芳胺发生偶联。溶液冷却至 0～5℃。由于大多数重氮盐很不稳定，室温即分解放氮气，故必须严格控制反应温度。

重氮化反应还必须注意控制亚硝酸钠的用量，若亚硝酸钠过量，则生成多余的亚硝酸会使重氮盐氧化而降低产率。因而滴加亚硝酸钠时，必须及时用碘化钾-淀粉试纸试验，至刚变蓝为止。一般情况下，反应迅速进行，重氮盐的产率差不多是定量的。

重氮盐制备后不宜久放，应尽快进行下一步反应。大多数重氮盐的干燥固体受热或震动能发生爆炸，所以重氮盐中间体不分离直接进行下一步反应。

重氮盐的偶联反应是保留氮的反应。在适当条件下，重氮盐可与酚、芳胺作用，失去一分子 HX，与此同时，通过偶氮基—N＝N—将两分子偶联起来，该反应称为偶合反应。即重氮盐与芳胺或酚类起偶联反应生成偶氮染料。

重氮盐可以与酚或胺偶合是因为—OH、—NH₂（NHR、NR₂）都是很强的第一类定位基，它们的存在使苯环上的电子云密度增加，而有利于亲电试剂的进攻。由于重氮正离子中氮原子上的正电荷可以离域到苯环上，因此它是一个很弱的亲电试剂，只能与高度活化的苯环才能发生偶合反应。对重氮盐而言，当芳环上连有—I（拉电子诱导效应）、—C（拉电子共轭效应）基团时，将使其亲电能力增强，加速反应的进行；反之，将不利于反应的进行。对偶合组分而言，凡能使芳环电子云增加的因素将有利于反应的进行。

偶合反应的最佳条件：偶合反应不能在强酸或强碱性介质中进行。因为在强酸介质中，酚或芳胺都能被质子化而使苯环钝化，因而难以与弱的亲电试剂反应。而在强碱介质中，重氮盐正离子与碱作用，可生成重氮酸或其盐。由此可见，重氮盐与酚、芳胺的偶合，反应介质的 pH 值是一个十分重要的条件。与酚的偶合在弱碱介质中进行有利，这是因为 ArO⁻ 是一个非常强的第一类定位基，因而有利于偶合反应的进行。重氮盐与酚偶合的最佳条件是反应介质的 pH＝8～10。与芳胺的偶合在中性或弱酸介质中进行有利，此时反应物能以游离胺形式进行反应，反应介质的 pH＝5～7 为宜。

偶合反应的位置：由于羟基、氨基都是邻、对位定位基，而亲电试剂 ArN₂⁺ 的体积较大，所以偶合反应优先发生在对位，只有当对位被占据时反应才发生在邻位。

重氮盐还有一类反应是放氮反应，即重氮基在适当条件被—H，—OH，—F，—Br，—CN，—NO₂ 及—SH 等基团取代，制备相应的芳香族化合物。

甲基橙（Methyl Orange）：4-[4-（二甲氨基）苯偶氮] 苯磺酸钠，相对分子质量327.34，属于偶氮化合物，为橙黄色片状结晶或结晶性粉末，稍溶于水而呈黄色，易溶于热水，乙醇中溶解度很小。甲基橙是一种酸碱指示剂，用于酸碱滴定的终点指示，也可用于印染纺织品。甲基橙的变色范围是 pH＜3.1 变红，pH 在 3.1～4.4 呈橙色，pH＞4.4 变黄。甲基橙由对氨基苯磺酸经重氮化后与 N,N-二甲苯胺偶合而成，反应方程式如下：

$$H_2N-\!\!\!\!\bigcirc\!\!\!\!-SO_3H+NaOH \longrightarrow H_2N-\!\!\!\!\bigcirc\!\!\!\!-SO_3Na+H_2O$$

$$H_2N-\!\!\!\!\bigcirc\!\!\!\!-SO_3Na \xrightarrow[HCl]{NaNO_2} \left[HO_3S-\!\!\!\!\bigcirc\!\!\!\!-\overset{+}{N}\!\!=\!\!N\right]Cl^- \xrightarrow[HOAc]{C_6H_5N(CH_3)_2}$$

$$\left[HO_3S-\!\!\!\!\bigcirc\!\!\!\!-N\!\!=\!\!N-\!\!\!\!\bigcirc\!\!\!\!-\overset{+}{\underset{H}{N}}(CH_3)_2\right]OAc^- \xrightarrow{NaOH} NaO_3S-\!\!\!\!\bigcirc\!\!\!\!-N\!\!=\!\!N-\!\!\!\!\bigcirc\!\!\!\!-N(CH_3)_2+NaOAc+H_2O$$

【试剂】

0.87g（0.005mol）无水对氨基苯磺酸；0.4g（0.006mol）亚硝酸钠；0.6g（0.005mol）N,N-二甲基苯胺；冰醋酸；氢氧化钠；乙醇；乙醚；浓盐酸。

【实验步骤】

在烧杯中放 5mL5%氢氧化钠溶液及 0.87g 无水对氨基苯磺酸晶体[1]，温热使溶。

在试管中溶 0.4g 亚硝酸钠于 3mL 水中，加入上述烧杯中配成混合溶液，用冰盐浴冷至 0～5℃。

将 1.5mL 浓盐酸与 5mL 水配成的溶液在不断搅拌下，缓缓滴加到上述混合溶液中，并控制温度在 5℃以下。滴加完后用淀粉碘化钾试纸检验[2]。直到试纸刚变蓝。然后在冰盐浴中放置 15min 以保证重氮盐制备反应完全[3]。

在试管内混合 0.6g N,N-二甲基苯胺和 0.5mL 冰醋酸，在不断搅拌下，将此溶液慢慢加到上述冷却的重氮盐溶液中。加完后，继续搅拌 10min，然后慢慢加入约 12.5mL 5%氢氧化钠溶液，直至反应物变为橙色，并使反应液呈碱性，粗制的甲基橙呈细粒状沉淀析出[4]。

将反应物在沸水浴上加热 5min，冷至室温后，再在冰水浴中冷却，使甲基橙晶体析出完全。抽滤收集结晶，依次用少量水、乙醇、乙醚洗涤，压干。得到橙色的小叶片状甲基橙晶体。

若要得到较纯产品，可用溶有少量氢氧化钠（约 0.1～0.2g）的沸水（每克粗产物约需 25mL）进行重结晶。待结晶析出完全后，抽滤收集，沉淀依次用少量乙醇、乙醚洗涤[5]。得到橙色的小叶片状甲基橙晶体，产量约 1.25g。

溶解少许甲基橙于水中，加几滴稀盐酸溶液，接着用稀的氢氧化钠溶液中和，观察颜色变化。

【注释】

[1]　对氨基苯磺酸是两性化合物，酸性比碱性强，以酸性内盐存在，在水中溶解度不大，它能与强碱作用成盐溶于水中，而不能与酸作用成盐。同时生成磺酸钠盐使氨基成中性基团有利于下一步氨基的重氮化反应。

[2]　淀粉碘化钾试纸刚变蓝，说明亚硝酸刚过量，重氮化完全，否则再加亚硝酸钠水溶液。用淀粉 KI 试纸检验溶液，HNO_2 过量，必须加尿素除去，否则会发生副反应而降低产率。

[3]　此时可能有沉淀析出，沉淀是对磺酸重氮苯内盐。

[4]　12.5mL 5%氢氧化钠溶液不能一次性全部加入，当加到变为橙色时就可以停止加入了。粗产物中可能含有 N,N-二甲基苯胺，由于未反应完全的 N,N-二甲基苯胺醋酸盐，在碱性下可析出难溶于水的 N,N-二甲基苯胺。

[5]　用乙醇、乙醚洗涤的目的是使晶体迅速干燥。湿的甲基橙在空气中受光照后颜色很快变深。同时重结晶在高温碱性下进行，甲基橙也容易变色，所以重结晶操作要迅速。这样才能保证产物橙亮。

【思考题】

1. 本实验中，重氮盐的制备为什么要控制在 0～5℃中进行？偶合反应为什么在弱酸性介质中进行？

2. N,N-二甲基苯胺与重氮盐偶合为什么总是在氨基的对位上发生？

实验 26   7,7-二氯双环［4.1.0］庚烷

【实验目的】

1. 了解卡宾的产生和制备 7,7-二氯双环［4.1.0］庚烷的原理和方法。

2. 了解相转移催化的机理。

3. 进一步熟悉机械搅拌装置，掌握低沸点溶剂的萃取、蒸馏、减压蒸馏等操作。

【实验原理】

本实验是通过氯仿与浓氢氧化钠作用产生二氯卡宾，在相转移催化剂作用下，立即与环己烯作用生成 7,7-二氯双环［4.1.0］庚烷。卡宾存在的时间很短，一般是在反应过程中产生，然后立即进行下一步反应。卡宾是缺电子的，可以与不饱和键发生亲电加成反应，二氯卡宾（:CCl$_2$）是一种卤代卡宾。

苄基三乙基氯化铵（TEBA）是一种相转移催化剂。相转移催化对提高互不相溶两相间的反应速度、简化操作、提高产率有很好的效果。在相转移催化剂存在下，在有机相中原位产生的 :CCl$_2$ 立即和环己烯作用，生成 7,7-二氯双环［4.1.0］庚烷。如果没有相转移催化剂的存在，生成的 :CCl$_2$ 会很快和 OH$^-$ 反应，几乎完全生成甲酸根离子和一氧化碳。

$$\text{（环己烯）} + CHCl_3 \xrightarrow[\text{TEBA}]{50\%NaOH} \text{（7,7-二氯双环庚烷）}$$

【试剂】

10.1mL 环己烯（0.1mol）；30mL 氯仿（0.37mol）；0.5g 苄基三乙基氯化铵（TEBA）；16g 氢氧化钠；乙醚；无水硫酸镁。

【实验步骤】

在 100ml 锥形瓶中，配制 16g 氢氧化钠和 16mL 水的溶液，得到 1∶1 的氢氧化钠水溶液。冷至室温。在 100mL 三口瓶上，依次装配好机械搅拌，回流冷凝管及温度计[1]。在三口瓶中加入 10.1mL 环己烯、30mL 氯仿和 0.5g TEBA[2]。开动搅拌，由冷凝管上端的滴液漏斗慢慢滴加配好的氢氧化钠溶液，约 15min 滴完。此时反应液温度慢慢上升至 60℃ 左右[3]。反应液渐渐变成棕黄色并伴有固体析出。当温度开始下降时，水浴中小火加热回流，保持温度在 50～55℃ 左右，继续搅拌 1h[4]。

反应物冷至室温，加 60mL 水稀释后转入分液漏斗，分出有机层（如两界上有絮状物[5]，可过滤），水层用 25mL 乙醚萃取一次，合并醚层和有机层，用等体积的水洗涤两次，无水硫酸镁干燥。干燥后的溶液，水浴常压蒸去乙醚和氯仿，然后进行减压蒸馏，收集 80～82℃/16mmHg 馏分，或常压蒸馏收集 185～190℃ 的馏分。纯 7,7-二氯双环［4.1.0］庚烷为无色液体，沸点为 198℃。

【注释】

［1］ 安装装置时，搅拌棒不要与温度计发生碰撞，以免打破水银球。

［2］ 相转移催化剂能把一种反应物从一相转到另一相中，增加反应速率，减少副反应。相转移催化剂量过少，反应时间长，量过多，后面分离产物困难等。

［3］ 反应温度不易过高或过低，温度过高，絮状物增多，不利于分离；温度过低，反应慢，产率也会降低。若天冷不能自然升温至 60℃，可用热水浴稍作加热。

［4］　本反应为非均相的相转移催化反应，必须在强烈的搅拌下进行，搅拌能扩大相界面，增强传质传热，加速反应。

［5］　分液时，不要用力振摇分液漏斗，以免严重乳化，影响分离；要充分静置。

【思考题】

1. 在 7,7-二氯双环［4.1.0］庚烷的制备实验中，为什么用搅拌反应装置？怎样操作才合理？

2. 在 7,7-二氯双环［4.1.0］庚烷的制备实验中，怎样才能控制好反应温度为 50～55℃，温度高低对反应有何影响？

实验 27　乙酰二茂铁

【实验目的】

1. 通过乙酰二茂铁的合成掌握无水无氧实验操作的基本技能。

2. 初步掌握柱色谱分离技术，学习用薄层色谱检测产品纯度的方法。

【实验原理】

二茂铁（Ferrocene），又名双环戊二烯铁，分子式为（C_5H_5）$_2$Fe，具有独特的夹心结构，有类似樟脑气味，熔点 173～174℃，沸点 249℃，在温度高于 100℃时易升华；能溶于苯、乙醚、石油醚等大多数有机溶剂中，基本上不溶于水；化学性质稳定。二茂铁具有类似苯的芳香性，比苯更容易发生亲电取代反应，例如 Fridel-Crafts 反应。

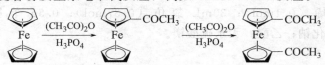

【试剂】

1.0g（0.0054mol）二茂铁；10.8g（10mL，0.1mol）乙酸酐（新蒸）；2.0mL 磷酸；碳酸氢钠；石油醚；无水乙醚。

【实验步骤】

1. 乙酰二茂铁的合成

在 50mL 单口烧瓶中，加入 1.0g 二茂铁和 10.0mL 乙酸酐，在振荡下用滴管慢慢加入 2.0mL 85％的磷酸。投料毕，用装有无水氯化钙的干燥管塞住瓶口[1]，沸水浴上加热 10min，并时加振荡。将反应混合物倾入盛有 40g 碎冰的 500mL 烧杯中，并用 10mL 冷水洗涤烧瓶，将洗涤液并入烧杯中。在搅拌下，分批加入固体碳酸氢钠，到溶液呈中性为止[2]。将中和后的反应混合物置于冰浴中冷却 15min，抽滤，收集析出的橙黄色固体，用 40mL 冰水洗两次，压干后在空气中干燥得粗品。

2. 用柱色谱分离纯化乙酰二茂铁

吸附剂：色谱柱用中性氧化铝或色谱柱用硅胶。

洗脱剂：3∶1 石油醚（60～90℃）-乙醚混合溶剂。

用 2mL 乙醚将乙酰二茂铁粗品配成悬浊液上柱。二茂铁为黄色，乙酰二茂铁为橙色。根据二茂铁、乙酰二茂铁颜色的不同分别收集之[3]。

将柱色谱收集到的乙酰二茂铁溶液，进行常压蒸馏回收乙醚（水浴控制在 50℃ 以下）。

减压蒸馏回收石油醚（至溶液体积约为 10mL 为止），让其自然挥发得产品，产量约 0.5g。乙酰二茂铁为橙黄色固体，熔点：81～86℃。

3. 用薄层色谱检测粗产品纯度

吸附剂：薄层色谱用硅胶。

溶剂：乙醚。

展开剂：3∶1 石油醚-乙醚混合溶剂。

将粗产品与二茂铁标准样对照展开，然后将产品与二茂铁标准样对照比较。

【注释】

[1]　烧瓶要干燥，反应时应用干燥管，避免空气中的水进入烧瓶内。

[2]　用碳酸氢钠中和粗产物时，应小心操作，防止碳酸氢钠过量和因加入过快使产物逸出。

[3]　在装柱、洗脱过程中，始终保持有溶剂覆盖吸附剂。一个色带与另一色带的洗脱液的接收不要交叉。

【思考题】

1. 回收石油醚为什么要用减压蒸馏？

2. 乙酰二茂铁的纯化为什么要用柱色谱法？可以用重结晶法吗？它们各有什么优缺点？

第4章 有机合成新技术实验

实验28 微波辐射合成肉桂酸乙酯

【实验目的】

1. 了解微波加热技术的原理和实验操作方法。

2. 学习微波辐射条件下合成肉桂酸乙酯的原理和方法。

【实验原理】

肉桂酸酯是一类重要的香料，具有水果或花的特殊香味，广泛用于食用香精和日化香精的配料中。目前工业上肉桂酸酯的合成是用肉桂酸和醇在浓硫酸催化下直接酯化而成。该方法反应时间长、收率低。本实验以肉桂酸和乙醇为原料，浓硫酸为催化剂，利用微波辐射技术快速合成肉桂酸乙酯。

$$\text{（肉桂酸）—COOH} + C_2H_5OH \xrightarrow[\text{微波辐射}]{H_2SO_4} \text{（肉桂酸乙酯）—COOC}_2H_5 + H_2O$$

【试剂】

3.0g（0.02mol）肉桂酸；无水乙醇；浓硫酸；饱和碳酸钠溶液；无水硫酸镁；乙醚；饱和食盐水。

【实验步骤】

在25mL圆底烧瓶中依次加入3.0g（0.02mol）肉桂酸，12mL（0.2mol）无水乙醇、1mL浓硫酸，摇匀后放入微波炉[1]。装上回流装置，在微波功率637W[2]下，辐射6min[3]。

蒸出过量乙醇，将粗产物倒入分液漏斗中，加入20mL乙醚溶解粗产物，依次用水、饱和碳酸钠溶液和饱和食盐水洗涤。有机层经无水硫酸镁干燥，蒸出乙醚，减压蒸馏收集130～132℃/1200Pa的馏分，得无色液体3.4g，收率95.2%。折射率 $n_D^{20}=1.5595$。

【注释】

[1] 格兰仕WP750家用微波炉。请勿将金属物品放入微波炉中加热，否则会发生危险。

[2] 功率太小，反应不完全，收率低；功率太大，则反应太激烈，副反应增加，也造成收率降低。选择637W进行微波辐射反应较适宜。

[3] 再延长时间收率反而下降，这是因为辐射时间过长，易发生副反应或炭化，造成收率降低。

【思考题】

依次用水、饱和碳酸钠溶液和饱和食盐水洗涤粗产物的目的分别是什么?

【参考文献】

周金梅，林敏，徐炳渠等. 推荐一个基础有机化学新实验——微波辐射合成肉桂酸酯. 大学化学，2005，20(3)：43-46.

实验 29　微波辐射合成 *N*-(2-羟乙基)-邻苯二甲酰亚胺

【实验目的】

1. 了解微波加热技术的原理和实验操作方法。

2. 学习微波辐射条件下合成 *N*-(2-羟乙基)-邻苯二甲酰亚胺的原理和方法。

【实验原理】

N-(2-羟乙基)-邻苯二甲酰亚胺是一种重要的精细化工中间体，主要用于生产医药和高分子材料。其主要的生产工艺是通过邻苯二甲酸酐先与乙醇胺反应生成酰胺酸，再通过高温亚胺化或通过中温化学法亚胺化得到。本实验以邻苯二甲酸酐和乙醇胺为原料，在无溶剂条件下，利用微波辐射技术快速合成 *N*-(2-羟乙基)-邻苯二甲酰亚胺。

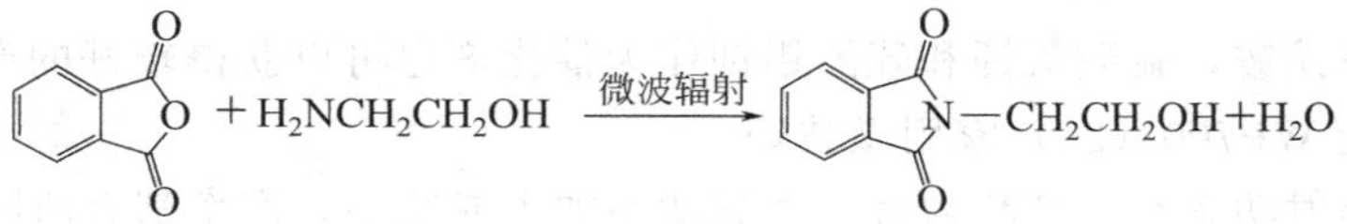

【试剂】

4.44g（0.03mol）邻苯二甲酸酐；1.9mL（1.92g，0.0315mol）乙醇胺；无水乙醇。

【实验步骤】

在 100mL 圆底烧瓶中加入研细的邻苯二甲酸酐[1]4.44g（0.03mol）和 1.9mL（1.92g，0.0315mol）的乙醇胺，充分混合后放入微波炉中[2]，装上冷凝管，在 259W 反应 6min。冷却至室温后取出，粗产物用无水乙醇进行重结晶得产品。

N-(2-羟乙基)-邻苯二甲酰亚胺为白色固体，熔点 128～130℃。

【注释】

[1]　本实验为无溶剂反应，将邻苯二甲酸酐研细有助于反应的进行。

[2]　格兰仕 WP700（21）家用微波炉。请勿将金属物品放入微波炉中加热，否则会发生危险。

【思考题】

反应后的粗产物中可能含有哪些杂质？

实验 30　微波辐射合成季戊四醇双缩苯甲醛

【实验目的】

1. 了解微波加热技术的原理和实验操作方法。

2. 学习微波辐射条件下合成季戊四醇双缩苯甲醛的原理和方法。

【实验原理】

季戊四醇双缩苯甲醛用途广泛，可用于杀虫剂、高分子材料的增塑剂、固化剂、抗氧化剂、消泡剂等。目前，合成季戊四醇双缩苯甲醛主要以硫酸或对甲苯磺酸为催化剂，使用此类催化剂反应时间长、副反应多、设备腐蚀严重。本实验以苯甲醛和季戊四醇为原料，硫酸铝为催化剂，利用微波辐射技术快速合成季戊四醇双缩苯甲醛。

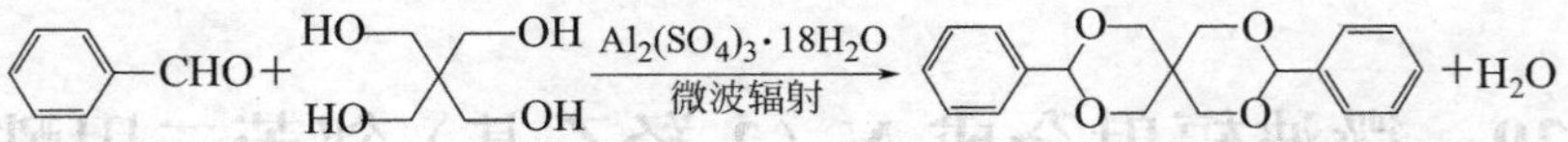

【试剂】

3mL(3.15g，0.03mol) 苯甲醛；2g(0.015mol) 季戊四醇；0.2g(0.3mmol) 硫酸铝；二氯甲烷；无水乙醇。

【实验步骤】

将 3mL(3.15g，0.03mol) 苯甲醛、2g(0.015mol) 季戊四醇和 0.2g 硫酸铝[1]加入到 50mL 锥形瓶中，充分混合后将锥形瓶放入微波炉中[2]，装上冷凝管，在 462W[3] 反应 5min[4]。冷至室温后取出锥形瓶，加入 20mL 二氯甲烷，滤去不溶物。蒸去溶剂，剩余物用无水乙醇重结晶得产品。

季戊四醇双缩苯甲醛为无色片状固体，熔点 159～160℃。

【注释】

[1] 用硫酸铁铵，硫酸氢钾和硫酸铝钾作为催化剂也可以获得较好的产率。

[2] 格兰仕 WP700 (21) 家用微波炉。

[3] 微波辐射功率在 462W 为宜，微波功率加大或减小，产率都有所降低。

[4] 反应时间超过 5min 后，收率逐渐下降，可能是由于时间过长副反应增加所致。缩短反应时间，产率也有所降低，因而辐射时间以 5min 为宜。

【思考题】

反应结束加入二氯甲烷后，滤去的不溶物是什么？

实验 31　超声辐射合成 1,4-萘醌

【实验目的】

1. 了解超声辐射技术的原理和实验操作方法。

2. 学习超声辐射条件下合成 1,4-萘醌的原理和方法。

【实验原理】

1,4-萘醌是医药、农药、增塑剂、香料、染料的中间体，也是合成新型造纸蒸煮助剂二氢二羟基蒽醌钠（DDA）的重要原料，还是合成树脂、橡胶中的聚合调节剂。1,4-萘醌的传统合成方法是以萘或 1-萘酚为原料，采用复配金属催化剂，高温气相催化氧化或液相氧化。超声波作为一种新的能量形式用于有机化学反应，可使很多以往不能进行或难以进行的反应得以顺利进行。本实验采用超声波辐射技术，以环己烷为溶剂，在常压下用 30%过氧化氢氧化 1-萘酚合成 1,4-萘醌。

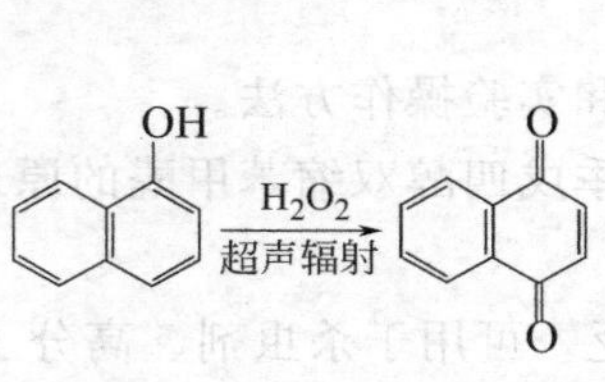

【试剂】

0.5g（0.0035mol）1-萘酚；3.4mL 环己烷；10.3mL 30％过氧化氢溶液；饱和碳酸氢钠。

【实验步骤】

在反应瓶中分别加入 0.5g（0.0035mol）1-萘酚、3.4mL 环己烷[1]和 10.3mL 30％过氧化氢溶液[2]，摇匀后装上回流冷凝管，放入超声波清洗器[3]内，圆底烧瓶瓶底部位于扬声器正上方约 5cm 处，清洗槽水面高于烧瓶内反应物液面约 4cm。

在恒温（78℃）下用 120W[4]超声功率辐射 60min[5]。趁热分离出水相和有机相。有机相用饱和碳酸氢钠水溶液洗涤三次（每次 10mL），再用蒸馏水洗涤三次（每次 10mL），上述过程均趁热快速操作。溶液自然冷却即析出淡黄色粉末。过滤，依次用冷的少量蒸馏水和环己烷淋洗后干燥得产品。

1,4-萘醌为淡黄色粉末，熔点 122～123℃。

【注释】

[1]　环己烷用量的增大，导致溶液浓度过稀，对反应不利。最佳环己烷用量为 3.4mL。

[2]　当双氧水用量为 10.3mL 时，转化率达到最大值；继续增加双氧水用量，产率急剧下降。通常情况下双氧水用量越大，反应进行得越完全，但是易造成副反应增加。

[3]　KQ-200KDB 型高功率数控超声波清洗器（中国昆山超声仪器有限公司，工作频率 40kHz）。

[4]　当超声波功率为 120W 时，转化率达最大值。这是因为超声功率低，反应不完全，转化率低；功率过高，会加速双氧水的分解，同时增加副反应的发生，使转化率降低。

[5]　当超声波辐射时间为 60min 时，转化率达到最大值。反应时间短，反应不完全，产率不高；反应时间过长，导致副产物增多，产率降低。

【思考题】

有机相的洗涤过程为什么均需趁热快速操作？

【参考文献】

凌绍明. 超声辐射催化合成 1,4-萘醌. 广东化工，2007，34(9)：92-93.

实验 32　超声辐射合成 2,3-环氧-1,3-二苯基-1-丙酮

【实验目的】

1. 了解超声辐射技术的原理和实验操作方法。

2. 学习超声辐射条件下利用 Darzens 缩合反应合成 2,3-环氧-1,3-二苯基-1-丙酮。

【实验原理】

2,3-环氧-1,3-二芳基丙酮是一类重要的有机中间体，可以选择性地转化为手性化合物，广泛用于有机合成和具有生理活性的药物合成。制备 2,3-环氧-1,3-二芳基丙酮一个有效而方便的方法是利用氯代苯乙酮和芳香醛进行 Darzens 缩合。水具有价廉、安全、对环境友好等优点，被认为是最理想的绿色溶剂。本实验以水为溶剂，苯甲醛、氯代苯乙酮为原料，用

超声波技术一步合成 2,3-环氧-1,3-二苯基-1-丙酮。

【试剂】

0.155g(1mmol) 氯代苯乙酮；0.102mL(0.106g, 1mmol) 苯甲醛；0.04g(1mmol) 氢氧化钠；乙醇。

【实验步骤】

在 25mL 圆底烧瓶中，依次加入 0.155g(1mmol) 氯代苯乙酮、0.102mL(0.106g, 1mmol) 苯甲醛、0.04g(1mmol) 氢氧化钠和 3mL 蒸馏水。将反应瓶置于超声波清洗器[1]中，在 28～38℃下反应 60min。抽滤，用水洗涤滤饼得到粗产物。用乙醇重结晶，室温下干燥得到产物。

2,3-环氧-1,3-二苯基-1-丙酮为无色晶体，熔点 88～89℃[2]。

【注释】

[1]　BUG25-06 超声仪器清洗器（功率 250W，工作频率 25kHz，上海必能信超声有限公司）。

[2]　传统的 Darzens 缩合反应总是反式和顺式产物共存，本实验中产物的构型是以反式为主，顺式的熔点为 96～97℃。

【思考题】

试写出苯甲醛与氯代苯乙酮在氢氧化钠作用下生成 2,3-环氧-1,3-二苯基-1-丙酮的机理。

【参考文献】

1. 李记太，刘献锋，李晓亮. 超声辐射下水溶液中合成 2,3-环氧-1,3-二芳基丙酮. 有机化学，2007，27(11)：1428-1431.

2. 李磊，任仲皎，曹卫国，黄培刚，朱华. 无溶剂条件下芳香醛与氯代苯乙酮的 Darzens 缩合反应. 有机化学，2007，27(1)：120-122.

实验 33　超声辐射合成 1,3-二苯基-3-(苯胺基)-1-丙酮

【实验目的】

1. 了解超声辐射技术的原理和实验操作方法。

2. 学习超声辐射条件下利用 Mannich 反应合成 1,3-二苯基-3-(苯胺基)-1-丙酮。

【实验原理】

酮的羰基 α-位氢原子在酸催化下与甲醛和氨（胺）缩合失去水分子，得到 β-氨（胺）甲基酮，这一缩合反应称 Mannich（曼尼奇）反应。Mannich 反应是一类非常重要的有机合成反应，在有机合成上用来制备 C-氨基化产物，并作为中间体，通过消除、取代、还原加成、环化等反应制备一般方法难以合成的化合物。芳香胺与芳香醛和芳香酮在催化剂作用下也能进行 Mannich 反应。本实验采用超声波辐射技术，以苯乙酮、苯甲醛和苯胺为原料合成 1,3-二苯基-3-(苯胺基)-1-丙酮。

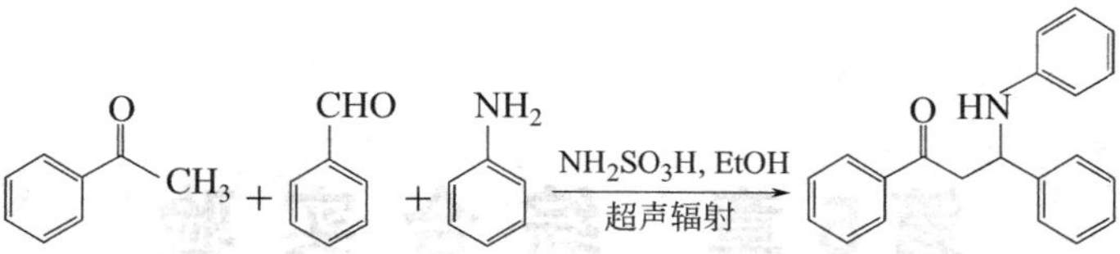

【试剂】

0.26mL(0.264g, 2.2mmol) 苯乙酮；0.20mL（0.212g，2mmol）苯甲醛；0.18mL (0.186g，2mmol) 苯胺；0.02g(0.2mmol) 氨基磺酸；无水乙醇；乙醚；丙酮。

【实验步骤】

在反应瓶中分别加入 0.26mL（0.264g，2.2mmol）苯乙酮、0.20mL（0.212g，2mmol）苯甲醛、0.18mL（0.186g，2mmol）苯胺、3mL 无水乙醇和 0.02g（0.2mmol）氨基磺酸，摇匀后放入超声波清洗器[1]内，在室温超声辐射 90min。过滤，滤饼用 5mL 乙醚洗涤 3 次，滤液浓缩后得到粗产物，粗产物用体积比为 3∶2 的乙醇-丙酮混合液重结晶得产物。

1,3-二苯基-3-(苯胺基)-1-丙酮为白色晶体，熔点 169～171℃。

【注释】

[1]　KQ-600GKDV 超声波清洗器（功率 600W，工作频率 40kHz）。

【思考题】

反应完成后滤出的不溶物是什么？

【参考文献】

1. Zeng H，Li H，ShaoH. One-pot three-component Mannich-type reactions using sulfamic acid catalyst under ultrasound irradiation. Ultrasonics Sonochemistry，2009，16(6)：758-762.

2. 路军，白银娟，米春喜，马怀让. 浅谈曼尼奇反应及其在有机合成中的应用. 大学化学，2000，15(1)：29-32.

第 5 章 综合实验

实验 34 香豆素-3-羧酸

【实验目的】

1. 学习利用 Knoevenagel 反应制备香豆素衍生物的原理和实验方法。
2. 了解酯水解法制备羧酸。

【实验原理】

香豆素衍生物具有抗菌、消炎、降压、降糖、抗凝和抗肿瘤等多种生理活性和光学性能，已被广泛应用于医药、食品染料、光学等领域。香豆素类化合物的合成有多种方法，采用 Knoevenagel 反应可在较低的温度下合成香豆素的衍生物。本实验以水杨醛和丙二酸二乙酯在六氢吡啶存在下发生 Knoevenagel 缩合反应制得香豆素-3-羧酸乙酯，然后在碱性条件下水解、酸化制得香豆素-3-羧酸（Coumarin-3-carboxylic acid）。

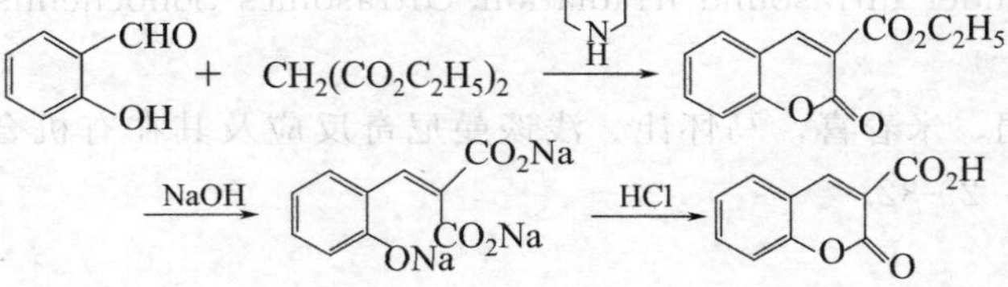

【试剂】

1.4mL（1.67g，0.0137mol）水杨醛；2.3mL（2.4g，0.015mol）丙二酸二乙酯；六氢吡啶；冰醋酸；氢氧化钠；乙醇；浓盐酸。

【实验步骤】

1. 香豆素-3-羧酸乙酯

方法 1：

在干燥的 50mL 圆底烧瓶中依次加入 1.4mL 水杨醛、2.3mL 丙二酸二乙酯、8mL 无水乙醇和 0.2mL 六氢吡啶及一滴冰醋酸[1]，放入几粒沸石后，装上回流冷凝管，冷凝管上口接一氯化钙干燥管。

在水浴上加热回流 2h。待反应物稍冷后拿掉干燥管，从冷凝管顶端加入约 10mL 冷水，待结晶析出后抽滤，每次用 1mL 被冰水冷却过的 50%乙醇洗涤，洗涤两次[2]，粗产物干燥后重约 2～2.3g。粗产物可用 25%乙醇重结晶，得到香豆素-3-羧酸乙酯白色晶体，熔点 92～93℃。

方法 2：

50mL 锥形瓶中加入 1.4mL 水杨醛、2.3mL 丙二酸二乙酯和 0.17mL 六氢吡啶。

将锥形瓶放入微波炉[3]中，于低火挡（17％功率输出，119W）辐射 5min（也可不用微波辐射，而在 80℃加热搅拌 15min[4]）。冰水浴冷却，结晶完全后抽滤，每次用 3mL 冰冷的 50％乙醇洗涤，洗 3 次，得香豆素-3-羧酸乙酯白色晶体，干燥后重 2～2.4g。

方法 3：

在干燥的试管中加入 1.4mL 水杨醛、2.3mL 丙二酸二乙酯和 0.17mL 六氢吡啶，塞上橡皮塞，放入超声波清洗器[5]中。

在 25℃超声 0.5h，反应物固化。得到的固体每次用 3mL 冰冷的 50％乙醇洗涤，洗 3 次，得香豆素-3-羧酸乙酯白色晶体，干燥后重约 2.2～2.5g。

2. 香豆素-3-羧酸

在 50mL 圆底烧瓶中加入 1.6g 香豆素-3-羧酸乙酯、1.2g 氢氧化钠、8mL 乙醇和 4mL 水，加热回流约 15min。

趁热将反应产物倒入 4mL 浓盐酸和 20mL 水的混合物中，立即有白色结晶析出，冰浴冷却后过滤，用少量冰水洗涤，干燥得约 1.2g。粗品可用水重结晶。纯粹香豆素-3-羧酸的熔点为 190℃（分解）。

【注释】

［1］　实验中除了加六氢吡啶外，还加入少量冰醋酸，反应很可能是水杨醛先与六氢吡啶在酸催化下形成亚胺化合物，然后再与丙二酸二乙酯的负离子反应。

［2］　用冰过的 50％乙醇洗涤可以减少酯在乙醇中的溶解。

［3］　格兰仕 WP700（21）家用微波炉。

［4］　升高反应温度以及延长反应时间，产率变化不大。

［5］　KQ-300DE 超声波清洗器（功率 300W，工作频率 40kHz，昆山市超声仪器有限公司）。

【思考题】

1. 试写出用水杨醛制香豆素-3-羧酸的反应机理。

2. 羧酸盐在酸化析出羧酸沉淀的操作中应如何避免酸的损失，提高酸的产量？

实验 35　己内酰胺

【实验目的】

1. 了解由环己酮与羟胺反应合成环己酮肟的原理与方法。

2. 熟悉酮肟在酸性条件下发生 Beckmann 重排，生成 ε-己内酰胺的原理和方法。

3. 掌握减压蒸馏、抽滤等实验操作。

【实验原理】

醛、酮类化合物能与羟胺反应生成肟。肟在酸如硫酸或五氯化磷等作用下，发生分子内重排生成酰胺的反应称为 Beckmann 重排。其机理为：

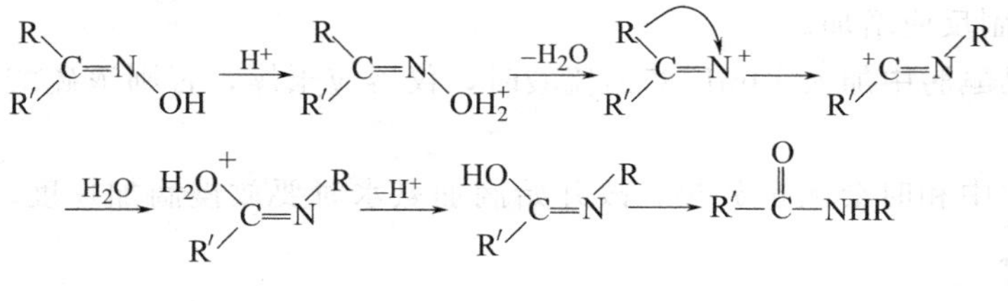

在上面的反应中，不对称酮（R≠R′）所生成的肟，重排后的结果是处于羟基反位的 R 基迁移到氮原子上。

环己酮与羟胺反应生成环己酮肟，在浓硫酸作用下重排得到己内酰胺。己内酰胺是合成高分子材料聚己内酰胺（尼龙-6）的基本原料。

【试剂】

7.0g（0.07mol）环己酮；7.0g（0.01mol）羟胺盐酸盐；10.0g 无水醋酸钠；浓硫酸；浓氨水；氯仿；无水硫酸钠。

【实验步骤】

1. 环己酮肟制备

在 250mL 锥形瓶中，加入 7.0g 羟胺盐酸盐和 10.0g 无水醋酸钠，用 30mL 水将固体溶解，小火加热此溶液至 35~40℃[1]。分批慢慢加入 7.0g 环己酮，边加边摇动反应瓶，很快有固体析出。加完后用空心塞塞住瓶口，并不断激烈振荡 5~10min。环己酮肟呈白色粉状固体析出。冷却后，抽滤，粉状固体用少量水洗涤、抽干后置表面皿中干燥，或在 50~60℃下烘干。环己酮肟为白色粉状结晶，熔点 89~90℃，产量 7~7.5g。

2. ε-己内酰胺制备

在 100mL 烧杯中放置 5.0g 环己酮肟及 10mL 85％硫酸[2]，充分搅拌，使之充分溶解。转入滴液漏斗中，烧杯用 1.5mL 85％硫酸洗涤后并入滴液漏斗中。

在 250mL 三口烧瓶中加入 4.5mL 85％硫酸，分别装机械搅拌器、温度计及滴液漏斗，用电热套小火加热至 130~135℃[3]，边搅拌边滴加环己酮肟溶液[4]，滴完后继续搅拌 5~10min。反应液冷却至 80℃以下，再用冰盐浴冷却至 0~5℃。在冷却下，边搅拌边小心地通过滴液漏斗滴加浓氨水（约 25mL）至 pH＝8（直至溶液恰对石蕊试纸呈碱性）[5]。滴加过程中，控制温度不超过 20℃。用少量水（不超过 10mL）溶解固体。反应液倒入分液漏斗，用氯仿萃取三次，每次 10mL。合并氯仿层，用无水硫酸钠干燥。常压蒸馏除去氯仿，残留液转入 25mL 克氏蒸馏瓶，用油泵进行减压蒸馏，收集 127~133℃/0.93kPa（7mmHg）的馏分，馏出物很快固化成无色晶体[6]。ε-己内酰胺为无色结晶，熔点 69~70℃，产量 4~5g。

【注释】

[1]　与羟胺反应时温度不宜过高。加完环己酮以后，充分摇荡反应瓶使反应完全，若环己酮肟呈白色小球状，则表示反应未完全，需继续振摇。

[2]　配制 85％硫酸溶液时是将酸倒入水中，绝不可搞错。因放热强烈，必须水浴冷却。

[3]　重排反应很激烈，并要保持温度在 130~135℃，滴加过程中必须一直加热。温度不可太高，以免副反应增加。

[4]　在环己酮肟中加入 10mL 85％硫酸时，仪器应干燥，否则浓硫酸会被稀释重排反应将受影响。

[5]　用氨水中和时会大量放热，故开始滴加氨水时要放慢滴加速度。否则温度太高，将导致酰胺水解。

[6]　己内酰胺为低熔点固体，减压蒸馏过程中极易固化析出，堵塞管道，可采用空气冷凝管，并用电吹风在外壁加热等方法，防止固体析出。

【思考题】

1. 制备环己酮肟时，加入醋酸钠的目的是什么？

2. 如果用氨水中和时，反应温度过高，将发生什么反应？

3. 某肟经 Beckmann 重排后得到 $CH_3COC_2H_5$，推测该肟的结构。

实验 36　对氨基苯磺酰胺的制备

【实验目的】

1. 掌握乙酰苯胺的氯磺化原理和氨基的脱保护原理。

2. 掌握气体吸收装置的操作。

【实验原理】

对氨基苯磺酰胺是合成磺胺类药物的重要中间体。在医药上用于抗细菌、抗微生物，对它们的生长、繁殖起到抑制作用。也可用于亚硝酸盐的测定。

本实验采用乙酰苯胺为原料，首先用氯磺酸对苯环的对位进行氯磺化，接着进行氨解，然后在酸性条件下进行水解制得对氨基苯磺酰胺。

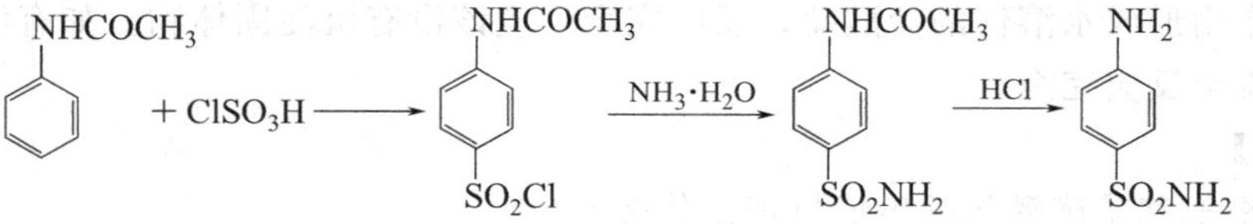

【试剂】

2.5g（0.0185mol）乙酰苯胺；6.25mL（1.25g，0.0107mol）氯磺酸；18mL 浓氨水；20.0mL（2mol/L）盐酸。

【实验步骤】

1. 对乙酰氨基苯磺酰氯的制备

放置 2.5g 乙酰苯胺于 100mL 干燥的锥形瓶中，微微加热使其熔融，并转动烧瓶使乙酰苯胺在烧瓶底部形成薄膜，用玻璃塞把瓶口塞好，在水浴中冷却备用。

用干燥的量筒准确量取 6.5mL 氯磺酸[1]，将氯磺酸迅速加入到乙酰苯胺中，塞上带有导管和氯化钙干燥管的氯化氢吸收装置，并且不断振摇锥形瓶，使反应物充分接触。保持反应温度在 15℃以下，当大部分的乙酰苯胺固体已经溶解时，将锥形瓶在水浴上加热到 60～70℃，待全部固体消失后再温热 10min，冷却至室温。把反应混合物缓慢倒入到大量的碎冰中，边倒入边用力搅拌，将析出的沉淀用布式漏斗抽滤，用少量的水洗涤 2～3 次，抽干。

2. 对乙酰氨基苯磺酰胺的制备

将上述制备的对乙酰氨基苯磺酰氯粗产品，转入 50mL 烧杯中，在搅拌下缓慢加入17.5mL 浓氨水[2]（25%～28%）。加完氨水后，继续搅拌 10min，接着用水浴在 70℃加热10min，不断搅拌除去多余的氨。冷却，抽滤，用冷水洗涤，得到对乙酰氨基苯磺酰胺粗产品，不需要纯化，直接用于下一步反应。

3. 对氨基苯磺酰胺的制备[3]

将上述制备的对乙酰氨基苯磺酰胺粗产品，放入到 50mL 圆底烧瓶中，加入 10mL（2mol/L）的盐酸，装上回流冷凝管。小火加热回流，待全部产品溶解后，倒入烧杯中，冷却至室温（若溶液有颜色，则加入少量的活性炭脱色），在搅拌下分批加入固体碳酸钠（约 2g）中和至 pH 值为 7～8，用冰水冷却。产品全部结晶析出后，抽滤，用少量的水洗涤。粗产品可用沸水重结晶。

对氨基苯磺酰胺为白色片状或针状结晶粉末。熔点为 164.5～166.5℃。

【注释】

[1]　氯磺酸是强腐蚀性的化学药品，使用时要特别小心，避免沾到皮肤或衣服上。由于氯磺酸有刺激性，取用时应在通风橱中进行。氯磺化反应是一个非常猛烈的反应，难以控制。因此必须将乙酰苯胺先熔融，再凝结成薄膜，从而使氯磺化反应能平稳进行。控制温度很重要，氯磺酸一定要在冰浴中进行反应。充分冷却时，可以一次性加入。然后接上氯化氢吸收装置，一定要防止水倒吸。反应完后，将反应化合物倒入碎冰中，冰量一定要够，加入速度要慢，搅拌要充分。注意要防止局部过热，否则会造成磺酰氯水解。

[2]　加入浓氨水的氨化反应，应在通风橱中进行，搅拌一定要充分，否则对乙酰氨基苯磺酰胺产品中会夹杂有未反应的磺酰氯。

[3]　对氨基苯磺酰胺的制备，采用的盐酸是 2mol/L，由于最终产物对氨基苯磺酰胺与过量的盐酸作用形成水溶性的盐酸盐，反应完全后应该没有沉淀固体物。如有沉淀物，则应继续加热回流至反应完全。

【思考题】

1. 对乙酰氨基苯磺酰氯的生成机理是什么？

2. 可以用苯胺为原料，先氯磺化反应，然后再氨化反应制备对氨基苯磺酰胺吗？为什么？

实验 37　对氨基苯甲酸乙酯

【实验目的】

1. 掌握酯化和还原反应的原理。

2. 掌握利用酸碱和重结晶精制固体物质的方法。

【实验原理】

苯佐卡因化学名为对氨基苯甲酸乙酯，是一种白色结晶性粉末，味微苦而麻，遇光渐变黄色，易溶于乙醇、乙醚、氯仿等，难溶于水，临床上一般用作局部麻醉剂，有止痛、止痒作用，主要用于创面、溃疡面、黏膜表面麻醉止痛和痒症。本实验由对硝基苯甲酸经乙酯化后还原制备苯佐卡因。

$$\underset{NO_2}{\underset{|}{\overset{COOH}{\overset{|}{\bigcirc}}}} + C_2H_5OH \xrightleftharpoons[]{H_2SO_4} \underset{NO_2}{\underset{|}{\overset{COOC_2H_5}{\overset{|}{\bigcirc}}}} + H_2O$$

$$\underset{NO_2}{\overset{COOC_2H_5}{\bigcirc}} + Fe + H_2O \longrightarrow \underset{NH_2}{\overset{COOC_2H_5}{\bigcirc}} + Fe_3O_4$$

【试剂】

3g（0.018mol）对硝基苯甲酸；乙醇；浓硫酸；无水氯化钙；5%碳酸钠溶液；氯化铵；铁粉；碳酸钠饱和溶液；氯仿；盐酸；40%氢氧化钠；50%乙醇；活性炭。

【实验步骤】

1. 对硝基苯甲酸乙酯的制备

在干燥的 50mL 圆底瓶中加入 3g 对硝基苯甲酸，12mL 无水乙醇，分次加入 1mL 浓硫酸，振摇使混合均匀。装上附有氯化钙干燥管的球形冷凝管[1]，加热回流 80min。稍冷，将反应液倾入到 50mL 水中[2]，抽滤。将滤渣转移至研钵中，研细，加入 5mL 5%碳酸钠溶液，研磨5min，测 pH 值（此时应使反应物呈碱性），抽滤，用少量冷水洗涤，干燥，称重。

2. 对氨基苯甲酸乙酯的制备

在装有搅拌棒及球形冷凝管的 50mL 三颈瓶中，加入 10mL 水，0.28g 氯化铵，1.72g 铁粉，小火加热至微沸，活化 5min。稍冷，慢慢加入 2g 对硝基苯甲酸乙酯，充分激烈搅拌[3]，回流反应 90min。待反应液冷至 40℃左右，加入少量碳酸钠饱和溶液调至 pH＝7～8。加入 15mL 氯仿，搅拌 3～5min，抽滤，用 5mL 氯仿洗涤三颈瓶及滤渣，抽滤，合并滤液，倾入分液漏斗中。静置分层，分液，弃去水层，氯仿层用 45mL 5%盐酸分三次萃取，合并萃取液（氯仿回收），用 40%氢氧化钠调至 pH＝8，析出结晶，抽滤，得对氨基苯甲酸乙酯粗产品。

将粗产品加入到 50mL 圆底瓶中，加入 10～15 倍 50%乙醇，装上球形冷凝管，加热溶解。稍冷，加入适量活性炭（活性炭用量视粗产品颜色而定），加热回流 20min，趁热抽滤（布氏漏斗、抽滤瓶应预热）。将滤液趁热转移至烧杯中，自然冷却，待结晶完全析出后，抽滤，用少量 50%乙醇洗涤两次，干燥，称重。

纯对氨基苯甲酸乙酯的熔点为 91～92℃。

【注释】

[1] 酯化反应须在无水条件下进行，如有水进入反应体系中，收率将降低。

[2] 对硝基苯甲酸乙酯及少量未反应的对硝基苯甲酸均溶于乙醇，但均不溶于水。反应完毕，将反应液倾入水中，乙醇的浓度降低，对硝基苯甲酸乙酯及对硝基苯甲酸便会析出。

[3] 铁粉相对密度大，沉于瓶底，必须将其搅拌起来，才能使反应顺利进行。

【思考题】

1. 氧化反应完毕，将对硝基苯甲酸从混合物中分离出来的原理是什么？

2. 使用氯化钙干燥管的目的是什么？

实验 38 2,4-二氯苯氧乙酸

【实验目的】

1. 掌握芳环上温和条件下的卤化反应及 Williamson 醚合成法。

2. 巩固搅拌、重结晶等操作。

【实验原理】

苯氧乙酸可作为防腐剂，一般由苯酚钠和氯乙酸通过 Williamson 醚合成法制备。通过它的氯化，可得到对氯苯氧乙酸和 2,4-二氯苯氧乙酸（简称 2,4-D）。前者又称防落素，能减少农作物落花落果。后者又名除莠剂，二者都是植物生长调节剂。芳环上的卤化作为芳环亲电取代反应，一般是在氯化铁催化下与氯气反应。本实验通过浓盐酸加过氧化氢和用次氯酸钠在酸性介质中氯化，避免了直接使用氯气带来的危险和不便。

$$ClCH_2COOH \xrightarrow{Na_2CO_3} ClCH_2COONa \xrightarrow[NaOH]{\text{—OH}} \text{—OCH}_2COONa \xrightarrow{HCl} \text{—OCH}_2COOH$$

$$\text{—OCH}_2COOH + HCl + H_2O_2 \xrightarrow{FeCl_3} Cl\text{—OCH}_2COOH$$

$$Cl\text{—OCH}_2COOH + 2NaOCl \xrightarrow{HCl} Cl\text{—OCH}_2COOH$$

【试剂】

3.8g(0.04mol) 氯乙酸；2.5g(0.027mol) 苯酚；饱和碳酸钠溶液；35%氢氧化钠溶液；冰醋酸；三氯化铁；浓盐酸；过氧化氢（30%）；次氯酸钠；乙醇；乙醚；四氯化碳。

【实验步骤】

1. 苯氧乙酸的制备

在装有搅拌器，回流冷凝管和恒压滴液漏斗的 100mL 三颈瓶中加入 3.8g 氯乙酸和 5mL 水。开动搅拌器，慢慢滴加饱和碳酸钠溶液[1]（约需 7mL），至溶液 pH 为 7~8。然后加入 2.5g 苯酚，再慢慢滴加 35%的氢氧化钠溶液至反应混合物 pH 为 12。将反应物在沸水浴中加热约 0.5h。反应过程中 pH 值会下降，补加氢氧化钠溶液，保持 pH 值为 12，在沸水浴上继续加热 15min。反应完毕后，将反应混合物趁热转入锥形瓶中，在搅拌下用浓盐酸酸化至 pH 为 3~4。在冰浴中冷却，析出固体，待结晶完全后，抽滤，粗产物用冷水洗涤 2~3 次，在 60~65℃下干燥，产量约 3.5~4g。粗产物可直接用于对氯苯氧乙酸的制备。

纯苯氧乙酸的熔点为 98~99℃。

2. 对氯苯氧乙酸的制备

在装有搅拌器、回流冷凝管和恒压滴液漏斗的 100mL 三颈瓶中加入 3g（0.02mol）上述制备的苯氧乙酸和 10mL 冰醋酸，开动搅拌，用水浴加热三颈瓶。待水浴温度上升至 55℃时，加入少许（约 20mg）三氯化铁和 10mL 浓盐酸[2]。当水浴温度升至 60~70℃时，在 10min 内慢慢滴加 3mL 过氧化氢（33%），滴加完毕后保持此温度再反应 20min。升高温度使瓶内固体全溶，慢慢冷却，析出结晶。抽滤，粗产物用冷水洗涤 3 次，然后用乙醇-水（1:3）重结晶，产量约 3g。

纯对氯苯氧乙酸的熔点为 158~159℃。

3. 2,4-二氯苯氧乙酸的制备

在 250mL 锥形瓶中加入 2g（0.0132mol）干燥的对氯苯氧乙酸和 24mL 冰醋酸，搅拌使固体溶解。将锥形瓶置于冰浴中冷却，在摇荡下分批加入 40mL 5%的次氯酸钠溶液[3]。然后将锥形瓶从冰浴中取出，待反应物升至室温后再保持 5min。此时反应液颜色变深。向锥形瓶中加入 80mL 水，并用 6mol/L 的盐酸酸化至刚果红试纸变蓝。反应物每次用 25mL 乙醚萃取 3 次。合并乙醚萃取液，在分液漏斗中用 25mL 水洗涤后，再用 25mL 10％的碳酸钠溶液萃取产物（小心！有二氧化碳气体逸出）。将碱性萃取液移至烧杯中，加入 40mL 水，用浓盐酸酸化至刚果红试纸变蓝，析出晶体，抽滤，粗产物用冷水洗涤 2～3 次，干燥，产量约 1.5g。粗品用四氯化碳重结晶，熔点 134～136℃。

纯 2,4-二氯苯氧乙酸的熔点为 138℃。

【注释】

[1] 为防止氯乙酸水解，先用饱和碳酸钠溶液使之成盐，滴加饱和碳酸钠溶液的速度要慢。

[2] 开始滴加时，可能有沉淀产生，不断搅拌后又会溶解，盐酸不能过量太多，否则会生成锌盐而溶于水。若未见沉淀生成，可再补加 2～3mL 浓盐酸。

[3] 若次氯酸钠过量，会使产量降低。

【思考题】

1. 什么是 Williamson 醚合成法？对原料有什么要求？

2. 本实验各步反应调节 pH 的目的何在？

实验 39 外消旋 α-苯乙胺的合成与拆分

【实验目的】

1. 通过苯乙酮与甲酸铵反应生成 α-苯乙胺，学习 Leuchart 反应。

2. 学习用化学方法将外消旋的化合物拆分为其对映异构体。

3. 学习用旋光仪测定化合物的旋光度，掌握计算光学纯度的方法。

【实验原理】

1. Leuchart 反应

醛或酮在高温下与甲酸铵反应得到伯胺的反应称为 Leuchart 反应。反应中氨首先与羰基发生亲核加成，接着脱水生成亚胺，亚胺随后被还原生成胺。与还原胺化不同，这里不是用催化氢化，而是用甲酸作为还原剂。反应过程如下：

$$HCOONH_4 \rightleftharpoons HCO_2H + NH_3$$

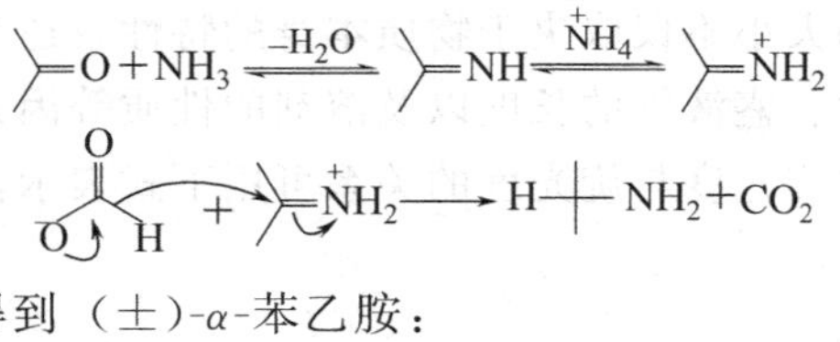

苯乙酮与甲酸铵反应得到（±）-α-苯乙胺：

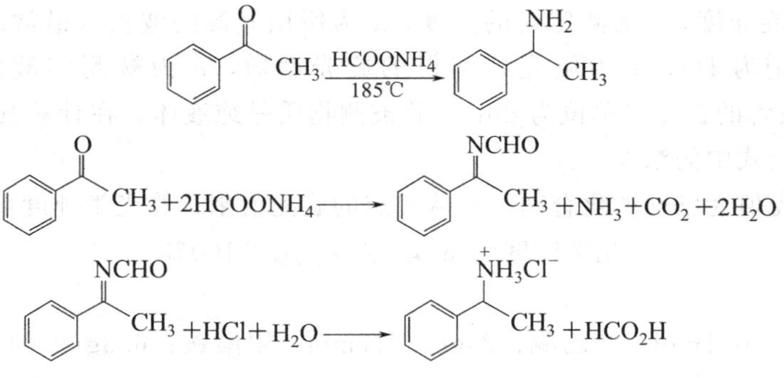

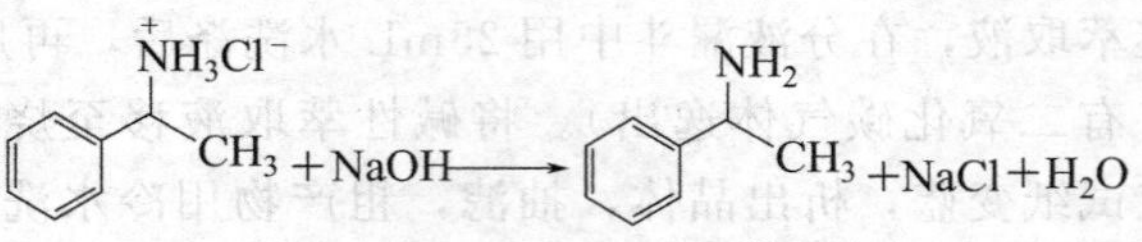

$$\overset{+}{NH_3Cl^-} \quad\quad\quad\quad NH_2$$

$$CH_3 + NaOH \longrightarrow \quad CH_3 + NaCl + H_2O$$

(±)-α-苯乙胺

2. (±)-α-苯乙胺的拆分

用化学方法拆分外消旋体，其原理是用旋光性试剂把外消旋的对映异构体变成非对映异构体混合物，再利用非对映体在某种选定的溶剂中具有不同的溶解度的特性，用分步结晶法将它们分离。本实验采用 L-(＋)-酒石酸与（±）-α-苯乙胺反应，产生两个非对映异构体的盐的混合物，这两个盐在甲醇中的溶解度有显著差异，可以用分步结晶法将它们分离开来，然后再分别用碱对这两个已分离的盐进行处理，就能使（＋）-α-苯乙胺和（－）-α-苯乙胺分别游离出来，从而获得纯的（＋）-α-苯乙胺及（－）-α-苯乙胺。

反应如下：

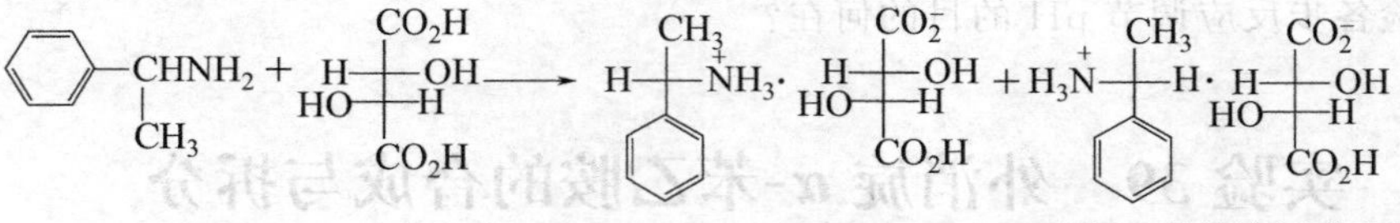

(–)-α-苯乙胺(+)-酒石酸盐　(+)-α-苯乙胺(+)-酒石酸盐

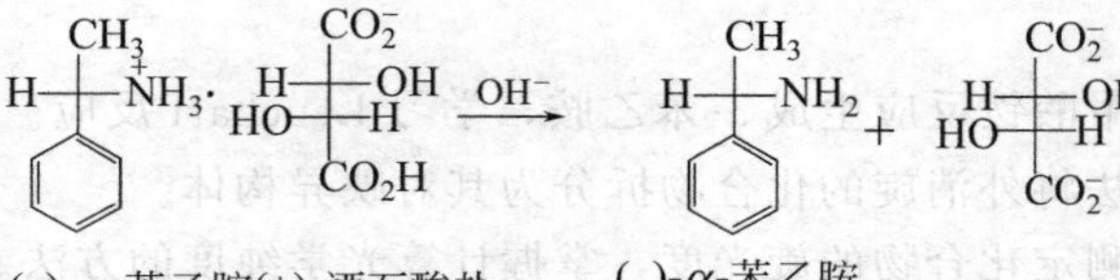

(–)-α-苯乙胺(+)-酒石酸盐　(–)-α-苯乙胺

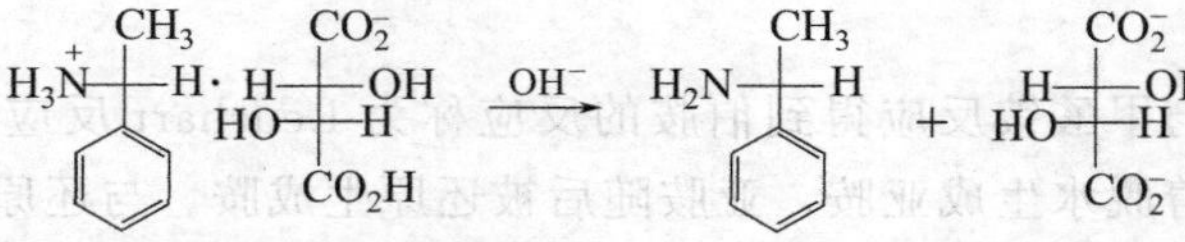

(+)-α-苯乙胺(+)-酒石酸盐　(+)-α-苯乙胺

3. 光学纯度

旋光性物质的旋光度的大小不仅取决于物质本身的特性，还与测定时的温度、所用光源的波长、测定时溶液的浓度、盛液管的长度以及溶剂的性质等因素有关，因此物质的旋光性通常用比旋光度来表示。比旋光度与旋光度的关系可用下式表示：

$$[\alpha]_\lambda^t = \frac{\alpha}{c \times l}$$

式中，$[\alpha]$ 为比旋光度，t 为测定时的温度，λ 为所用光源的波长（最常用的光源是钠光，波长 589nm，标记为 D），α 为旋光仪测得的旋光度数，c 为被测溶液的浓度（单位为 g/mL），l 为盛液管的长度（单位为 dm）。若被测物质是纯液体，在计算其比旋光度时用该液体的密度替换上式中的浓度。

纯对映体旋光值为已知的化合物，可从测定的旋光值来计算光学纯度：

$$光学纯度 = [\alpha]_{样品}/[\alpha]_{纯品} \times 100\%$$

【试剂】

11.7mL(12g，0.1mol) 苯乙酮；20g(0.317mol) 甲酸铵；6.3g(0.041mol) L-(＋)-酒

石酸；盐酸；无水硫酸钠；氯仿；甲苯；甲醇；乙醚；氢氧化钠。

【实验步骤】

1. （±）-α-苯乙胺的制备

在 100mL 蒸馏瓶中，加入 11.7mL（0.1mol）苯乙酮、20g（0.317mol）甲酸铵和几粒沸石，侧口连接冷凝管装配成简单蒸馏装置。在电热套上小火缓缓加热，当温度升到 150～155℃时，甲酸铵开始熔化，熔化后的液体呈两相，继续加热又逐渐变成均相，继续加热至温度达到 185℃时停止加热（通常约需 1h）。在此过程中有水和苯乙酮被蒸出，将馏出物转入分液漏斗，分出上层苯乙酮并倒回反应瓶中，然后在 180～185℃加热 1.5h。

反应物冷却后转入分液漏斗中，加入 15mL 水洗涤，以除去甲酸铵和甲酰胺。将分出的 N-甲酰-α-苯乙胺粗品倒回原反应瓶中，水层每次用 6mL 氯仿萃取两次，萃取液合并倒入反应瓶中，加入 12mL 浓盐酸和几粒沸石，蒸出氯仿，再保持微沸回流 0.5h。将反应物冷至室温，如有结晶析出，加入最少量水使之溶解。每次用 6mL 氯仿萃取三次，合并氯仿并回收。

将水层转入圆底烧瓶中，冰浴冷却下小心加入 10g 氢氧化钠溶于 20mL 水的溶液，进行水蒸气蒸馏，收集馏出液 65～80mL。馏出液每次用 10mL 甲苯萃取三次，合并甲苯萃取液，用粒状氢氧化钠干燥。将干燥后的甲苯溶液转入蒸馏瓶中，蒸出甲苯，然后改用空气冷凝管蒸馏收集 180～190℃馏分，产量约 5～6g。塞好瓶口以备拆分实验使用。

2. （±）-α-苯乙胺的拆分

（1）分步结晶

将 6.3g（＋）-酒石酸和 90mL 甲醇加入到 250mL 锥形瓶中，搅拌并在水浴上加热使酒石酸溶解。然后在搅拌下慢慢地加入 5g（±）-α-苯乙胺，于室温下放置 24h，即可生成白色棱柱状晶体。如果析出针状结晶，应重新加热溶解并冷却至完全析出棱柱状结晶[1]。过滤，所得溶液留作分出（＋）-α-苯乙胺用。晶体用少量甲醇洗涤，干燥后得（－）-α-苯乙胺（＋）-酒石酸盐约 4g。

（2）α-苯乙胺的分离

将两个同学所得（－）-α-苯乙胺（＋）-酒石酸盐合并起来约 8g 晶体溶于 30mL 水中，加入 5mL 50％氢氧化钠溶液，搅拌至固体全部溶解。然后将溶液转入分液漏斗中，每次用 15mL 乙醚萃取二次，合并萃取液并用无水硫酸钠干燥。将干燥后的乙醚溶液转入蒸馏瓶，在水浴上蒸去乙醚后，蒸馏收集 180～190℃馏分，产量约 2～2.5g，测定（－）-α-苯乙胺的旋光度[2]，计算产物的光学纯度。纯的（－）-α-苯乙胺的 $[\alpha]_D^{22} = -40.3$。

将最初抽滤得到的甲醇溶液蒸去溶剂，然后用相同的方法处理可得（＋）-α-苯乙胺。测定（＋）-α-苯乙胺的比旋光度，计算产物的光学纯度。纯的（＋）-α-苯乙胺 $[\alpha]_D^{22} = +40.3$。

【注释】

[1]　有时析出的结晶呈针状，从针状结晶得到的 α-苯乙胺光学纯度较差，因此，应当加热令针状结晶全部溶解，然后再将溶液慢慢冷却，如果有可能，在溶液中接种棱柱状晶体。

[2]　一个同学的产品不足以充满盛液管，可将多个同学的产品合并起来。

【思考题】

1. 苯乙酮与甲酸铵反应过程中为什么要严格地控制反应温度？

2. 苯乙酮与甲酸铵反应后，用水洗涤的目的是什么？

3. 实验中先后两次用氯仿萃取的目的是什么？

实验40　酸性离子液体催化合成乙酸异戊酯

【实验目的】

1. 学习酸性离子液体的制备方法。

2. 了解离子液体作为催化剂在有机反应中的应用。

【实验原理】

离子液体是指全部由离子组成的液体。在室温或室温附近温度下呈液态的由离子构成的物质，称为室温离子液体（Room Temperature Ionic Liquid）。近年来，离子液体引起了人们的广泛关注。离子液体以其不挥发、不可燃、导电性强、黏度低、热容大、蒸气压小、性质稳定，对许多无机盐和有机物有良好的溶解性等优点，在电化学、有机合成、催化、分离等领域被广泛地应用。乙酸异戊酯是一种用途广泛的有机化工产品，具有水果香味，略带花香，存在于苹果、香蕉等果实中，主要作为食用香料和溶剂使用。乙酸异戊酯的合成方法很多，但工业上主要以浓硫酸为催化剂，由乙酸和异戊醇直接酯化反应制得。虽然硫酸反应活性较高、价廉，但却存在着腐蚀设备、反应时间长、副反应多、产品纯度低、后处理过程复杂、污染环境等缺点。本实验采用酸性离子液体催化合成乙酸异戊酯。

$$CH_3COOH + (CH_3)_2CHCH_2CH_2OH \xrightarrow{[BPy]HSO_4} CH_3COOCH_2CH_2CH(CH_3)_2 + H_2O$$

【试剂】

4mL（3.93g，0.05mol）吡啶；5.4mL（6.85g，0.05mol）正溴丁烷；6.9g（0.05mol）一水合硫酸氢钠；6g（5.8mL，0.1mol）乙酸；4.4g（5.4mL，0.05mol）异戊醇；5%的碳酸氢钠溶液；饱和氯化钠溶液；无水氯化钙。

【实验步骤】

1. 离子液体的合成

将4mL（3.93g，0.05mol）吡啶，5.4mL（6.85g，0.05mol）正溴丁烷加入到50mL三颈瓶中，安装机械搅拌器和球形冷凝管[1]。在90℃搅拌10h，然后加入6.9g（0.05mol）一水合硫酸氢钠，在90℃搅拌1h，冷却，抽滤[2]，滤液在80℃真空干燥，得到黄色黏稠液体，产率86%。^{1}H NMR（DMSO-d$_6$，400MHz）δ：0.89（t，$J=7.2$Hz，3H），1.23-1.32（m，2H），1.85-1.93（m，2H），4.66（t，$J=7.2$Hz，2H），6.07（brs，1H，OH），8.17（t，$J=6.8$Hz，2H），8.62（t，$J=7.6$Hz，1H），9.19（d，$J=6.0$Hz，2H）。

2. 乙酸和异戊醇的酯化反应

在带有回流装置的50mL烧瓶中依次加入2mL酸性离子液[BPy]HSO$_4$，6g（5.8mL，0.1mol）乙酸和4.4g（5.4mL，0.05mol）异戊醇，温和回流40min[3]。将反应液转移到分液漏斗中，静置后分出下层离子液体，酯层先用10mL冷水洗涤。再每次用10mL质量分数为 5%的碳酸氢钠溶液洗涤，至水溶液对 pH 试纸呈碱性为止。然后用 5mL 饱和氯化钠溶液洗涤一次，无水氯化钙干燥。将干燥后的产物滤入 50mL 蒸馏瓶中，蒸馏收集 138～143℃ 馏分。分离出的离子液体真空干燥后回收。测定产物的 IR 和 ^{1}H NMR 谱，进行 GC 分析，确定产物的含量。

【注释】

[1]　正溴丁烷与吡啶反应制备溴化正丁基吡啶过程中，良好的搅拌有助于反应的进行。

[2]　硫酸氢钠与溴化正丁基吡啶离子交换得到［BPy]HSO₄ 和溴化钠，［BPy]HSO₄ 黏度很大，抽滤时要尽量抽干。

[3]　乙酸和异戊醇都溶于［BPy]HSO₄，而乙酸异戊酯不溶于［BPy]HSO₄，反应 20min 后就会明显分层，反应完成后通过分液就可以将催化剂和产物分开。

【思考题】

1. 本实验为何要用过量的乙酸？如使用过量的异戊醇有什么不好？

2. 为什么要用碳酸氢钠溶液洗涤酯层至水溶液对 pH 试纸呈碱性为止？

实验 41　（2R,3R)-1,1,4,4-四苯基丁四醇

【实验目的】

1. 学习氯化亚砜存在下，酒石酸酯化反应的实验方法。

2. 学习格氏试剂的制备及其与酯反应制备叔醇的原理和实验方法。

3. 掌握水蒸气蒸馏的原理及操作。

【实验原理】

（2R,3R)-1,1,4,4-四苯基丁四醇是天然酒石酸衍生的手性四醇，是通用手性配体 TAD-DOLs（α,α,α′,α′-四芳基-2,2′-二甲基-1,3-二氧环戊烷-4,5-二甲醇）的母体化合物。由（2R,3R)-1,1,4,4-四苯基丁四醇出发，可以制备具 TADDOL 骨架的各种手性配体及催化剂。本实验以天然酒石酸为手性源，通过氯化亚砜催化制得（2R,3R)-酒石酸二乙酯，继而与苯基格氏试剂一步反应制得（2R,3R)-1,1,4,4-四苯基丁四醇。

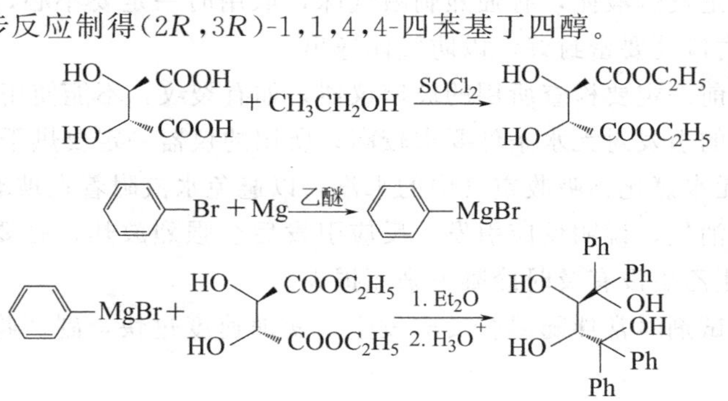

【试剂】

3.0g（0.02mol）（2R,3R)-酒石酸；30mL 无水乙醇；3.2mL（5.24g，0.044mol）氯化亚砜；8.5mL（12.56g，0.08mol）溴苯；1.95g（0.081mol）镁屑；氯化铵；乙醚。

【实验步骤】

1. （2R,3R)-酒石酸酯的制备

在配有磁子的 100mL 三口烧瓶中加入 3.0g（2R,3R)-酒石酸和 30mL 无水乙醇，充分振摇。三口烧瓶中间安装回流冷凝管，一侧安装一干燥的恒压滴液漏斗，另一侧用空心塞塞上。恒压滴液漏斗中装入约 3.2mL 氯化亚砜[1]，回流冷凝管上安装尾气吸收装置（参阅正溴丁烷制备实验中的尾气吸收装置）。

冰浴搅拌下，恒压滴液漏斗慢慢滴加二氯亚砜，滴加完后，继续维持冰浴 0.5h 后撤去冰浴，恢复至室温后加热回流 2h。用旋转蒸发仪除去多余的乙醇及氯化亚砜，加入 10mL 二氯甲烷，所得混合物用饱和碳酸氢钠溶液洗涤，水相用 10mL 二氯甲烷萃取，合并有机相，饱和食盐水洗涤，无水硫酸钠干燥 15min 后倾入 50mL 圆底烧瓶中，常压除去二氯甲烷，减压蒸馏[2] 得到无色透明液体约 3.7g，沸点：120～122℃/1mmHg。

2. 苯基格氏试剂的制备

趁热组装新烘干的 100mL 三口烧瓶，放入磁子，中间安装回流冷凝管（冷凝管上口装一干燥管，干燥管内放置氯化钙），一侧安装恒压滴液漏斗，另一侧用空心塞塞上[3]。冷却至室温后，快速向烧瓶中加入 1.95g 镁屑，加一小粒碘。恒压滴液漏斗中加入 8.5mL 溴苯和 30mL 无水乙醚，将约 1/3 混合溶液滴入三口烧瓶中。

待碘的颜色开始消失[4]，开始搅拌，并慢慢滴加剩余的混合溶液[5]，边滴加边搅拌。混合溶液滴加完后，水浴回流 1h 后，大部分镁屑消失，冷却至室温得到浑浊溶液。

3.（2R,3R)-1,1,4,4-四苯基丁四醇的制备

将第二步制得的苯基格氏试剂置于冷水浴中，搅拌下恒压滴液漏斗中滴加 2.06g 第一步制得的（2R,3R)-酒石酸二乙酯（0.01mol）和 10mL 乙醚的混合溶液，保持平稳进行。滴加完毕后，水浴回流 1h。冰水浴冷却，搅拌下由恒压滴液漏斗慢慢滴加由 11.5g 氯化铵配成的饱和溶液。

将反应装置改为蒸馏装置，水浴蒸去乙醚，残余物进行水蒸气蒸馏[6]，蒸至馏出物没有油珠。瓶中剩余物冷却后析出固体，抽滤。用 75% 乙醇重结晶，抽滤，干燥，得到约 2.0g 无色针状晶体，熔点：149～151℃。

【注释】

[1]　氯化亚砜是发烟液体，有强烈刺激气味，取用时一定要小心，反应会产生酸性刺激气体，反应装置磨口处要密封好，以防气体逸出。

[2]　减压蒸馏前一定要检查所用的玻璃仪器，如有裂纹，不能使用，以防炸裂。

[3]　格氏反应的引发对无水条件要求较高，所用的仪器一定要烘干并趁热快速组装好，利用干燥管中装的无水氯化钙吸收空气中的水汽，以避免水汽附着在玻璃瓶壁上。

[4]　碘的颜色消失，说明反应引发。反应引发后会强烈放热，必要时用冰水或冷水在烧瓶外冷却，以防止乙醚没有及时冷凝下来而损失。

[5]　制备格氏试剂时常伴随偶合反应发生，滴加速度过快，副产物会增多，所以要控制好滴加速度。

[6]　水蒸气蒸馏时要除去反应中未反应完全的原料溴苯和偶联副产物等。

【思考题】

1.（2R,3R)-酒石酸二乙酯制备反应中，氯化亚砜的作用是什么？

2.（2R,3R)-1,1,4,4-四苯基丁四醇的制备反应中，（2R,3R)-酒石酸二乙酯中的两个羟基是否参与了反应？如果参与了反应，是如何进行的？

【参考文献】

Shan Z X，Hu X Y，Zhou Y，Peng X T，Li Z. A convenient approach to C₂-chiral 1，1，4，4-tetrasubstituted butanetetraols：direct alkylation or arylation of enantiomerically pure diethyl tartrates. Helvetica Chimica Acta 2010，93(3)：497-503.

实验 42　2-乙酰氨基对苯二甲酸

【实验目的】

1. 练习使用水泵进行减压蒸馏的实验操作。
2. 使用无水反应体系的操作技能。
3. 巩固氨基的保护和芳环甲基的氧化等理论知识。

【实验原理】

2-乙酰氨基对苯二甲酸是合成喹唑啉酮类化合物重要的中间体，也是研究金属有机框架（MOF）材料的重要原料。在有机化学以及有机金属化学上有着广泛的应用。

本实验以 4-甲基-2-氨基苯甲酸为原料，先用乙酸酐发生乙酰化反应得到 4-甲基-2-乙酰氨基苯甲酸，接着经过中性高锰酸钾氧化得到 2-乙酰氨基对苯二甲酸。

【试剂】

0.35g（0.0023mol）4-甲基-2-氨基苯甲酸；1g（0.0063mol）高锰酸钾；5mL 乙酸酐；盐酸；N,N-二甲基甲酰胺；无水乙醇；无水氯化钙。

【实验步骤】

1. 4-甲基-2-乙酰氨基苯甲酸的合成

在干燥的 100mL 的三颈烧瓶中加入 4-甲基-2-氨基苯甲酸 0.35g，快速加入 5mL 乙酸酐[1]，在回流冷凝管的上端装上氯化钙干燥管，机械搅拌下加热回流 1h，用水泵减压蒸去过量的乙酸酐[2]。冷却至室温后，残余物加入 8mL 水，室温搅拌 10min，过滤，产品用少量的冷水洗涤，得到的固体用乙醇重结晶得白色晶体 0.32g，收率为 72%。熔点为：191～192℃。^{1}H NMR（400MHz，DMSO-d₆）δ 12.46（brs，1H，COOH），11.12（s，1H，NH），8.35（s，1H），7.87（1H，d，$J=8$Hz），6.95（1H，d，$J=8$Hz），2.34（s，3H），2.13（s，3H）。

2. 2-乙酰氨基对苯二甲酸的合成

把 4-甲基-2-乙酰氨基苯甲酸 0.32g 放入到 100mL 的三颈烧瓶中，加入 5mL 水，机械搅拌下缓慢滴加 1g（4 倍当量）高锰酸钾[3]的 30mL 水溶液，加热回流 2h，过滤，滤液在冰浴下用 3mol/L 的盐酸酸化到 pH 为 1～2，抽滤，固体用少量的冰水洗涤，用 DMF-H₂O 重结晶，得到白色的晶体 0.34g。收率为 92%。^{1}H NMR（400MHz，DMSO-d₆）δ 13.47（1H，brs，COOH），11.02（s，1H，NH），9.00，8.05，7.68（3H），2.16（s，3H）。

【注释】

[1] 由于采用乙酸酐为酰基化试剂，比较容易水解，所以整个反应体系须做到绝对无水。需要在回流冷凝管的上端装干燥装置。

[2] 减压蒸馏装置要求无水。由于 4-甲基-2-乙酰氨基苯甲酸容易升华和凝华，在加热的时候要求温度不能太高，控制电热套的电压约 50V；压力也不能太大，只要乙酸酐能缓慢流出就行。且过量的乙酸酐要及时回收。

[3] 高锰酸钾用尽可能少的水完全溶解，溶解完后用滴液漏斗缓慢滴加入反应体系。所需时间约为 10min，加入完毕进行计时。高锰酸钾具有强氧化性，应小心操作，避免沾到衣服和皮肤上。

【思考题】

1. 由原料 4-甲基-2-乙酰氨基苯甲酸制备最终的产品，为什么要经过乙酰化过程？

2. 高锰酸钾的用量为什么要大大过量？

实验 43 2-氨基-1,3,4-噻二唑及其水杨醛席夫碱的合成及表征

【实验目的】

1. 练习查阅有机化学文献资料，掌握由氨基硫脲合成 2-氨基-1,3,4-噻二唑的原理和方法。

2. 掌握伯胺与羰基化合物生成席夫碱的原理与方法。

3. 学习使用显微熔点仪测定晶体物质的熔点，了解通过熔点测定判定物质纯度。

4. 学习使用红外光谱仪和核磁共振仪确定化合物的结构。

【实验原理】

含 1,3,4-噻二唑结构的化合物具有广泛的生物活性，包括抗菌、抗结核、抗氧化抗炎抗痉挛抗抑郁抗焦虑抗癌降压抗真菌等，同时在农药、化工等领域也有广泛应用。因而，近十年来对 1,3,4-噻二唑合成的研究成为热点，有着各种各样的合成方法研究。本实验用简单的原料合成 2-氨基-1,3,4-噻二唑。运用氨基与羰基化合物的加成消除合成含 1,3,4-噻二唑的衍生物。

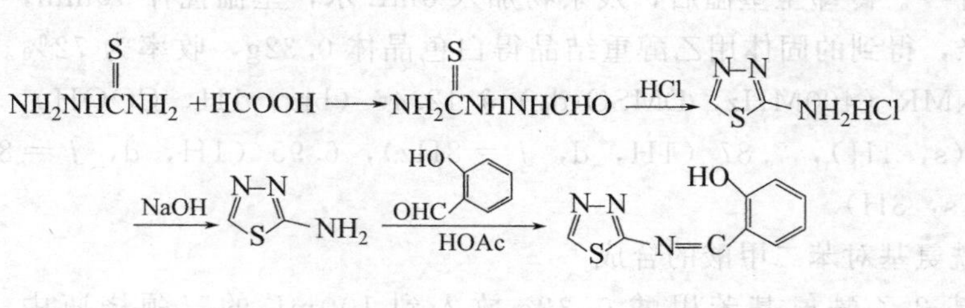

【试剂】

2.73g（0.03mol）硫代氨基脲；2.3g（0.05mol）甲酸；2.88mL（0.06mol）36%浓盐酸；氢氧化钠。

【实验步骤】

向 50mL 单口圆底烧瓶中加入 2.73g（0.03mol）氨基硫脲、2.3g（0.05mol）甲酸及 2.88mL（0.06mol）36%浓盐酸（质量分数），摇匀加沸石。

安装回流装置及尾气接收装置，NaOH 水溶液吸收盐酸尾气。接通冷凝水，水浴加热至 80℃，反应 2h，换加热套直接加热继续升温至反应物沸腾回流。反应 3h 后。观察现象变化。

反应液冷至室温，用 14.3mol/L（572g/L）NaOH 水溶液调节 pH 到 7～8，冰水冷却结晶。抽滤得粗产物[1]。

用 10～15mL 水对粗产品进行重结晶（包括热过滤和冷却结晶），最后得到白色晶体。红外灯烘干，计算产率[2]。

将所得氨基噻二唑溶解于 10mL 无水乙醇中，量取相当物质量的水杨醛于上述溶液中，加冰醋酸一滴，加热回流 0.5h，放置冷却得白色固体沉淀，过滤，得固体。红外灯烘干，计算产率[3]。

用显微熔点仪测量所得晶体熔点，判断晶体纯度。

所得样品做红外光谱测试，核磁共振谱测试。

【注释】

[1]　pH 太大，产物易被氧化变红，产量减少；氢氧化钠溶液太稀或加入水太多，产量减少。

[2]　水量太大，溶解太多，产量减少。根据产量酌情加水重结晶，产量约 1.5g，理论产量 3.03g。

[3]　没有固体析出，可旋转蒸发溶剂或向体系中滴加水直至有固体析出。

【思考题】

1. 试写出 1,3,4-噻二唑成环机理。

2. 试确认合成的中间产物和最终产物 ^{1}HNMR 有几组信号，化学位移大约在什么位置？

【参考文献】

Hu Y, Li C-Y, Wang X M, Yang Y H, Zhu H L. 1,3,4-Thiadiazole：synthesis, reactions, and applications in medicinal, agricultural, and materials chemistry. Chem Rev, 2014，114(10)：5572-5610.

第6章 天然有机化合物的提取

实验44 从茶叶中提取咖啡因

【实验目的】

1. 了解从茶叶中提取咖啡因的基本原理和方法，了解咖啡因的一般性质。
2. 掌握用索氏提取器提取有机物的原理和方法，掌握升华的基本操作。
3. 进一步巩固萃取、蒸馏等实验操作。

【实验原理】

咖啡因又叫咖啡碱，是一种生物碱，结构如右所示。咖啡因具有刺激心脏、兴奋中枢神经和利尿等作用，是一种温和的兴奋剂，一般存在于茶叶、咖啡、可可等植物中。茶叶中含有1%～5%的咖啡因，本实验以乙醇为溶剂，利用索氏提取器提取茶叶中的咖啡因，经浓缩、中和、升华，得到含结晶水的咖啡因。

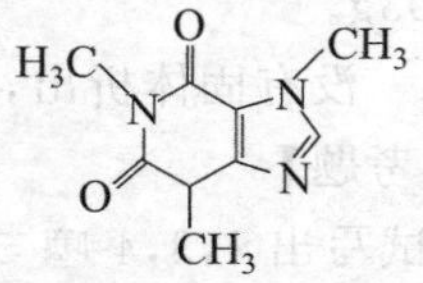

咖啡因(1,3,7-三甲基-2,6-二氧嘌呤)

【试剂】

5.0g 干茶叶；4.0g 生石灰；80mL 95%乙醇。

【实验步骤】

称取5g干茶叶，装入滤纸筒内[1]，轻轻压实，滤纸筒上口塞一团脱脂棉，置于提取筒中，圆底烧瓶内加入80mL 95%乙醇，将圆底烧瓶、提取筒和回流冷凝管组装成索氏提取装置（图1.8)[2]。

加热乙醇至沸，加热回流约2h，提取液颜色变浅可终止抽提（待最后一次冷凝液刚好虹吸下去时，立即停止加热）。将提取液转移到100mL蒸馏烧瓶中，加2粒沸石，安装蒸馏装置，进行蒸馏回收大部分乙醇。

将约10mL残液倾入蒸发皿中，烧瓶用少量乙醇洗涤，洗涤液也倒入蒸发皿中，蒸发至近干。加入4.0g生石灰粉中和茶叶中的单宁酸并吸收水分，搅拌均匀，用电热套加热蒸发至干，除去全部水分[3]。

冷却后，擦去沾在边上的粉末，以免升华时污染产物。将一张刺有许多小孔的圆形滤纸盖在蒸发皿上[4]，取一只大小合适的玻璃漏斗罩于其上，漏斗颈部疏松地塞一团棉花。用电热套加热蒸发皿，慢慢升高温度[5]，使咖啡因升华。咖啡因通过滤纸孔遇到漏斗内壁凝为固体，附着于漏斗内壁和滤纸上。当纸上出现白色针状晶体时，暂停加热，冷至100℃左右，揭开漏斗和滤纸，仔细用小刀把附着于滤纸及漏斗壁上的咖啡因刮入表面皿中。将蒸发皿内的残渣加以搅拌，重新放好滤纸和漏斗，用较高的温度再加热升华一次。此时，温度也不宜太高，否则蒸发皿内大量冒烟，产品既受污染又遭损失。合并两次升华所收集的咖啡因，测定熔点。

【注释】

[1]　滤纸做成滤纸筒的直径要略小于抽提筒的内径，底部折起而封闭（必要时可用线扎紧）。装入提取器中，要注意滤纸筒紧贴器壁。被提取物高度不能超过虹吸管，否则被提取物不能被溶剂充分浸泡，影响提取效果。被提取物亦不能漏出滤纸筒，以免堵塞虹吸管。如果试样较轻，可以用脱脂棉压住试样，以保证回流液均匀地浸透被萃取物。

[2]　索氏提取器的工作原理是利用溶剂的回流及虹吸原理。索氏提取器的优点是使固体物质每次都被纯的热溶剂所萃取，减少了溶剂用量，缩短了提取时间，因而效率较高。萃取前，应先将固体物质研细，以增加溶剂浸溶面积。索氏提取器的虹吸管极易折断，装置装置和取拿时必须特别小心。

[3]　如留有少量水分，升华开始时，将产生一些烟雾，污染器皿和产品。

[4]　蒸发皿上覆盖刺有小孔的滤纸是为了避免已升华的咖啡因回落入蒸发皿中，纸上的小孔应保证蒸汽通过。漏斗颈塞脱脂棉，为防止咖啡因蒸汽逸出。

[5]　升华过程中，始终都需用小火间接加热。如温度太高，将导致被烘物和滤纸炭化，一些有色物质也会被带出来，会使产物发黄，影响产品的质和量。注意温度计应放在合适的位置，能够正确反映出升华的温度。如无沙浴，也可以用简易空气浴加热升华，将蒸发皿底部稍离开石棉网进行加热，并在附近悬挂温度计指示升华温度。

【思考题】

1. 为什么要将固体物质（茶叶）研细成粉末？

2. 生石灰的作用是什么？

3. 升华装置中，为什么要在蒸发皿上覆盖刺有小孔的滤纸？漏斗颈为什么塞脱脂棉？

实验 45　从大黄中提取蒽醌类化合物

【实验目的】

1. 掌握用酸水解法提取蒽醌苷元的提取方法。

2. 掌握 pH 梯度萃取法、柱色谱的原理及操作。

3. 学习蒽醌类化合物的鉴别方法。

【实验原理】

药用植物大黄为蓼科植物掌叶大黄 *Rheum pelmatum* L、唐古特大黄 *Rheum tanguticum* Maxim. ex Balf 或药用大黄 *Rheum Officinale* Baill 的干燥根及根茎。有泻下、健胃、清热解毒等功效，其主要成分为蒽醌衍生物，总量约 3%～5%，以部分游离、大部分与葡萄糖结合成带苷的形式存在。大黄的抗菌、抗感染有效成分为大黄酸、大黄素和芦荟大黄素，表现在对多种细菌有不同程度的抑菌作用。药理证明大黄能缩短凝血时间，止血的主要成分为大黄酚。大黄粗提物、大黄素或大黄酸对实验性肿瘤有抗癌活性。此外，结合型的蒽醌是泻下的有效成分，包括蒽醌苷和双蒽醌苷。大黄还含有鞣酸类多元酚化合物，含量在 10%～30% 之间，具有止泻作用。

大黄中羟基蒽醌类化合物多数以苷的形式存在，先用稀硫酸溶液把蒽醌苷水解成苷元，利用游离蒽醌可溶于热氯仿的性质，用氯仿将它们提取出来。由于各羟基蒽醌结构上的不同所表现的酸性不同，用 pH 梯度萃取法进行分离；大黄酚和大黄素甲醚酸性相近，利用其极性的差别，用离心薄层色谱分离。大黄中主要成分及其物理性质如下：

	R_1	R_2	成分名称
	CH_3	H	大黄酚
	CH_3	OH	大黄素
	CH_3	OCH_3	大黄素甲醚
	CH_2OH	H	芦荟大黄素
	$COOH$	H	大黄酸

大黄酚（chrysophanol）：$C_{15}H_{10}O_4$，橙黄色六方形或单斜形结晶（乙醇或苯），mp 196～197℃（乙醇或苯），能升华。易溶于沸乙醇，可溶于丙酮、氯仿、苯、乙醚和冰醋酸，微溶于石油醚、冷乙醇，不溶于水。

大黄素（emodin）：$C_{15}H_{10}O_5$，橙黄色针状结晶（乙醇），mp 256～257℃（乙醇或冰乙酸），能升华。易溶于乙醇、碱液，微溶于乙醚、氯仿，不溶于水。

大黄素甲醚（physcion）：$C_{16}H_{12}O_5$，砖红色单斜针状结晶，mp 203～207℃（苯），溶于苯、氯仿、吡啶及甲苯，微溶于醋酸及乙酸乙酯，不溶于甲醇、乙醇、乙醚和丙酮。

芦荟大黄素（aloe-emodin）：$C_{15}H_{10}O_5$，橙色针状结晶（甲苯），mp 223～224℃。易溶于热乙醇，可溶于乙醚和苯，并呈黄色；溶于碱液呈红色。

大黄酸（rhein）：$C_{15}H_8O_6$，黄色针状结晶，mp 321～322℃，330℃分解。能溶于碱、吡啶，微溶于乙醇、苯、氯仿、乙醚和石油醚，不溶于水。

【试剂】

大黄粗粉100g；20%硫酸；氯仿；5% NaHCO₃ 溶液；20%盐酸；冰醋酸；5%碳酸钠溶液；丙酮；5%碳酸钠溶液；0.5%氢氧化钠溶液；乙酸乙酯；3%氢氧化钠溶液；5%醋酸镁甲醇溶液；石油醚（30～60℃）；石油醚（60～90℃）；甲酸。

【实验步骤】

1. 总蒽醌苷元的提取

大黄粗粉[1]100g，加20%硫酸溶液200mL润湿，再加氯仿500mL，回流提取3h，稍冷后过滤，残渣弃去，氯仿提取液于分液漏斗中，分出酸水层，得氯仿提取液。

2. 蒽醌苷元的分离和精制

（1）大黄酸的分离和精制　将含有总蒽醌苷元的氯仿液450mL于1000mL分液漏斗中，加5%NaHCO₃溶液150mL充分振摇（注意防止乳化，下同），静置至彻底分层，分出碱水层置250mL烧杯中，在搅拌下滴加20%盐酸至pH=3，待沉淀析出完全后，过滤，沉淀干燥后，加冰醋酸[2]10mL加热溶解，趁热过滤，滤液放置析晶，过滤，用少量冰醋酸淋洗结晶，得黄色针晶为大黄酸。

（2）大黄素的分离和精制[3]　5%NaHCO₃溶液萃取过的氯仿层，再加5%碳酸钠溶液300mL振摇萃取，静置至彻底分层后，分出碱水层，在搅拌下用20%盐酸酸化至pH=3，析出棕黄色沉淀，抽滤，水洗沉淀物至洗出液呈中性，沉淀经干燥后，用15mL丙酮热溶，趁热过滤，滤液静置，析出橙色针晶，过滤后，用少量丙酮淋洗结晶，得大黄素。

（3）芦荟大黄素的分离与精制　5%碳酸钠溶液萃取过的氯仿层再加0.5%氢氧化钠碱水液540mL萃取，碱水层加盐酸酸化，析出的沉淀水洗，干燥，用10mL乙酸乙酯精制，得黄色针晶的芦荟大黄素。

（4）大黄酚和大黄素甲醚的分离　萃取除去芦荟大黄素后余下的氯仿层，再用3%氢氧化钠溶液500mL分两次萃取，至碱水层无色为止，合并碱水层，加盐酸酸化至pH=3，析出黄色沉淀，过滤，水洗至中性，干燥，为大黄酚和大黄素甲醚混合物，留作硅胶柱色谱分离的样品。余下氯仿液水洗至中性，蒸馏回收氯仿。

（5）柱层析

装柱：取一玻璃层析柱垂直固定于铁架台上，柱下端放少许脱脂棉，湿法装入 100～200 目硅胶约柱的三分之一高。

上样：将样品置于小的蒸发皿中用少量石油醚溶解，另用 3 倍量的硅胶拌样，水浴加热缓慢脱去溶剂后将拌有硅胶的样品加入到层析柱的上端，并盖一圆形滤纸。

洗脱：将层析柱的活塞打开，洗脱剂为石油醚（60～90℃）：乙酸乙酯（15：1）的混合溶剂。

收集：洗脱液 25mL 一份，分别收集，脱溶后放置即可析出结晶，晶形相同的合并，先洗脱下来的化合物为大黄酚，后洗脱下来的化合物为大黄素甲醚。

3. 大黄蒽醌苷元的薄层色谱鉴别

薄层板：硅胶 G-CMCNa 板。

点样：提取的大黄酸、大黄素、芦荟大黄素、大黄酚、大黄素甲醚的氯仿溶液及各对照品氯仿溶液。

展开剂：石油醚（30～60℃）：乙酸乙酯：甲酸（15：5：1）上层溶液。

展开方式：上行展开。

显色：在可见光下观察，记录黄色斑点出现的位置，然后喷 5% 醋酸镁甲醇溶液，斑点显红色。

观察记录：记录图谱并计算 R_f 值。

【注释】

[1]　大黄中蒽醌化合物的种类和含量与大黄的种类和采集季节贮存时间有关，由于蒽醌化合物主要以苷的形式存在，所以较新鲜的大黄中蒽醌化合物的含量较高。

[2]　冰醋酸难挥发不可多加，否则难浓缩。另外它还有腐蚀性，操作时避免接触皮肤。

[3]　大黄粗粉到芦荟大黄素的流程如下：

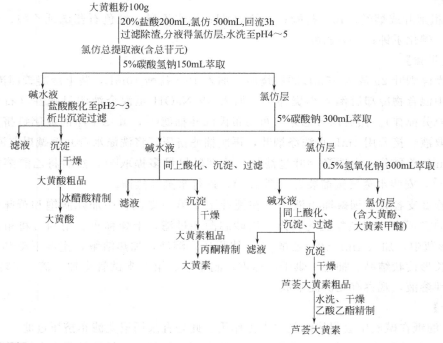

【思考题】

1. 大黄中 5 种羟基蒽醌化合物的酸性和极性大小应如何排列？
2. pH 梯度法的原理是什么？适用于哪些天然化学成分的分离？

实验 46　从烟草中提取烟碱

【实验目的】

1. 了解生物碱的提取方法及其一般性质。
2. 水蒸气蒸馏的原理及其应用，掌握小型水蒸气蒸馏的装置及其操作方法。

【实验原理】

烟碱又名尼古丁，是烟叶中的一种主要生物碱，其结构如下：

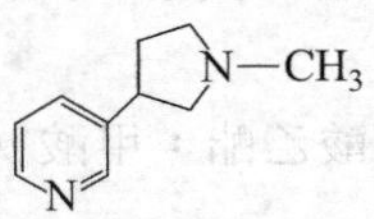

烟碱为无色或灰黄色油状液体，无臭，味极辛辣，一经日光照射即被分解，转变为棕色并有特殊的烟嗅。沸腾时部分分解，呈强碱性反应。在 60℃ 以下与水结合成水合物，故可与水任意量混合，易溶于酒精、乙醚等许多有机溶剂，能随水蒸气挥发而不分解。由于分子中两个氮都显碱性，故一般能与两摩尔的盐酸成盐。由于它是含氮的碱，因此很容易与盐酸反应生成烟碱盐酸盐而溶于水。此提取液加入 NaOH 后可使烟碱游离。游离烟碱在 100℃ 左右具有一定的蒸气压，因此，可用水蒸气蒸馏法分离提取。由于烟碱是液体，从 2g 烟叶中得到的烟碱量很少，不便纯化和操作，因此本实验采用在萃取液中加入苦味酸，将烟碱转变成二苦味酸盐的结晶进行分离纯化，并通过测定衍生物的熔点加以鉴定。

【试剂】

2.0g 粗烟叶或烟丝；10％盐酸；5％NaOH；无水乙醚；红色石蕊试纸乙醇；饱和苦味酸；乙酸；碘化汞钾；50％乙醇。

【实验步骤】

取干燥碎烟叶 2g 放入 25mL 圆底烧瓶，加入 10％盐酸 10mL，装上冷凝管回流 20min。待瓶中混合物冷却后倒入小烧杯中，加入 5％NaOH 至混合液明显碱性（石蕊试纸检验，注意充分搅拌）。然后用带尼龙滤布的布氏滤斗抽滤[1]，并用干净的玻璃钉挤压烟叶以挤出碱提取液。接着用 4mL 水洗涤烟叶，再次抽滤挤压，将洗涤水合并至碱提取液中。

用 15mL 乙醚分多次洗涤烟叶过滤物，让烟碱尽量多提取[2]，然后将乙醚溶液转入蒸馏烧瓶中[3]，安装水蒸气蒸馏装置（图 1.5），进行水蒸气蒸馏。

取试管 2 支各收集烟碱馏出液[4]。在搅拌下于第一支试管中加几滴饱和苦味酸，立即有浅黄色的二苦味酸烟碱盐沉淀析出。用砂芯漏斗过滤，干燥称重。用刮刀将粗产物移入 10mL 锥形瓶中，加入 4mL 50％乙醇-水（体积比）溶液，加热溶解，室温下冷却静置，析出亮黄色长形棱状结晶。抽滤，烘干，称重，测熔点。第二支试管中加 2 滴 0.5％乙酸及 2 滴碘化汞钾溶液，观察有无沉淀生成。

【注释】

[1]　滤纸在碱液中会很快溶胀并失去作用。此处宜采用尼龙滤布挤压过滤。

[2]　在分液漏斗中进行乙醚萃取时，应注意不时放气，减低乙醚蒸汽在漏斗内的压力。

此时可一手握紧上口旋塞，让漏斗倾斜下支管口朝上，另一只手打开分液旋塞放气，或者在垂直放置时打开上口旋塞放气。在分离液层时，应小心使醚层与夹杂在中间的出现在漏斗尖底部的少量黑色乳状液相分离。上层液从上口倒出，下层液从下口放出。

[3]　乙醚易燃，在蒸馏乙醚时应用水浴加热，不能直火加热。同时开窗通风，避免外泄的乙醚蒸汽富集遇火点引燃，酿成火灾！

[4]　烟碱毒性极强，其蒸汽或其盐溶液吸入或渗入人体可使人中毒死亡。高浓度的烟碱液操作时务必小心。若不慎手上沾上烟碱提取液，应及时用水冲洗后用肥皂擦洗。

【思考题】

1. 为什么要用盐酸溶液提取烟碱？
2. 水蒸气蒸馏提取烟碱时，为什么要加入 NaOH 反应至混合液为明显碱性？
3. 为何要将烟碱转变成二苦味酸盐的结晶进行分离纯化？

【参考文献】

1. 康湛莹，张辉. 高纯烟碱提取工艺研究. 化学工程师，1996（6）：15-16.
2. 马震，周东. 静态萃取硫酸烟碱的工艺改进. 云南化工，1997（4）：33-34.
3. 韩芳然，唐桂林. 用废烟草生产烟碱的工艺条件研究. 现代化工，1995（6）：30-32.

实验 47　红辣椒中红色素的分离

【实验目的】

1. 通过从红辣椒中提取红色素，了解分离有机化合物的过程和基本操作。
2. 掌握薄层色谱板的使用方法、色谱柱的制作及用以分离混合物的原理。
3. 学会使用旋转蒸发仪。

【实验原理】

辣椒是茄科植物辣椒的果实。辣椒红色素是一种存在于成熟红辣椒果实中的四萜类橙红色色素。其中极性较大的红色组分主要是辣椒红素和少量辣椒玉红素，占总量的 $50\%\sim60\%$，另一类是极性较小的黄色组分，主要成分是 β-胡萝卜素和玉米黄质。辣椒红色素不仅色泽鲜艳、热稳定性好，而且耐光、耐热、耐酸碱、耐氧化、无毒副作用，是高品质的天然色素，广泛用于食品、化妆品、保健药品等行业。国内外辣椒红素的生产方法主要有油溶法、超临界萃取法和有机溶剂萃取法三种。本实验是以二氯甲烷为萃取溶剂，从红辣椒中萃取出色素，经浓缩后用薄层层析法作初步分析，用柱层析法分离出红色素。

【试剂】

1.5g 干燥红辣椒（尽量研细提高提取效率）；二氯甲烷；硅胶 G（300～400 目）。

【实验步骤】

1. 色素的萃取和浓缩

1.5g 红辣椒加入 15mL 二氯甲烷和沸石，水浴回流 30min。冷却后抽滤。在 70～80℃水浴中蒸馏浓缩回收溶剂。当瓶内剩余少量液体时停止加热，将蒸馏残液转入表面皿，沸水浴上蒸发近干，最后得到红色物质，即为色素的混合物。

2. 薄层层析

得到的色素混合物加入 1mL 的二氯甲烷，用点样毛细管在 GF_{254} 硅胶板上进行点样[1]

分析。计算主要成分的 R_f 值。（红：$R_f=0.49$；黄：$R_f=0.86$）。

3. 柱层析分离

选用内径 1cm 长约 15～20cm 的层析柱，检查柱旋塞是否完好，有无渗漏现象。将 55mL 左右的二氯甲烷与 20g 硅胶调成糊状[2]，通过大口径漏斗加入到柱中，边加边轻轻敲击层析柱，使吸附剂装填致密，并保持层析柱中的固定相不干（二氯甲烷液面高出砂层 2cm 即可）。再打开活塞，待二氯甲烷溶液液面与硅胶上层的砂层平齐时，关闭活塞。用滴管吸取混合色素的浓缩液（或蒸干的色素液用 0.5～1mL 二氯甲烷溶解），用一根较长的滴管将混合色素液加入柱顶。再打开活塞，待色素溶液液面与硅胶上层的砂层平齐时，用一根较长的滴管缓缓注入少量洗脱剂二氯甲烷，然后小心冲洗内壁后，用二氯甲烷混合液淋洗。观测记录色素的分离情况，并用不同的接收瓶分别接收先流出柱子的色带。当色带完全流出后停止淋洗。将相同颜色组分的接收液合并。回收溶剂的蒸发操作可以用旋转蒸发仪蒸发脱去溶剂，浓缩收集色素，也可以用 70～80℃水浴加热回收二氯甲烷。（层析柱中红色色带中主要应为辣椒红素和辣椒玉红素，下端黄色色带应主要为 β-胡萝卜素）。

【注释】

[1] 薄层层析时，点样量过大，样品分不开，会造成拖尾现象。

[2] 如不能调成糊状，可以多加二氯甲烷，硅胶和二氯甲烷用量可以根据柱的大小灵活调整，硅胶柱的高度达到便于加样和操作就可以。

【思考题】

1. 层析柱中有气泡会对分离带来什么影响？如何除去气泡？

2. 如果样品不带颜色，如何确定斑点的位置？

实验 48　从橙皮中提取柠檬烯

【实验目的】

1. 学习从橙皮中提取柠檬烯的原理和方法。

2. 了解水蒸气蒸馏的基本原理，使用范围和操作。

【实验原理】

橙皮中含有多种有效成分，主要有橙皮苷、果胶、天然色素、香精油等。香精油（橙皮精油）的主要成分是一种无色透明、具有诱人橘香味的萜类烯烃——柠檬烯。工业上经常用水蒸气蒸馏的方法来收集精油。柠檬、橙子和柚子等水果果皮通过水蒸气蒸馏得到一种精油，其成分 90% 以上是柠檬烯。柠檬烯是一种有效的天然溶剂，也可作强力灭虱剂，还可作为饮料、食品、牙膏、肥皂等的香料。随着橙皮种类和季节的不同，香精油中柠檬烯的含量可在 52.2%～96.2% 之间。柠檬烯是一环单萜类化合物，分子中有一个手性中心。其 S-(-)-异构体存在于松针油、薄荷油中；R-(+)-异构体存在于柠檬油、橙皮油中；外消旋体存在于香茅油中。柠檬烯的结构式如下：

【试剂】

新鲜橙子皮；二氯甲烷；无水硫酸钠。

【实验步骤】

将 2～3 个新鲜橙子皮剪成极小碎片后[1]，放入 500mL 圆底烧瓶中[2]，加入 250mL 热水，安装水蒸气蒸馏装置[3]（图 1.5），进行水蒸气蒸馏[4]。控制馏出速度为每秒 1 滴[5]，收集馏出液 100～150mL，待溜出液达 150mL 时即可停止[6]。这时可观察到馏出液水面上浮着一层薄薄的油层。

将馏出液倒入分液漏斗中，每次用 10mL 二氯甲烷萃取，萃取三次。将萃取液合并，放入 250mL 锥形瓶中，用 1.0g 无水硫酸钠干燥。

过滤除去干燥剂，用普通蒸馏方法水浴蒸去二氯甲烷。待二氯甲烷基本蒸完后，再用水泵减压抽去残余的二氯甲烷[7]，瓶中留下少量橙黄色液体即为橙油。以所用橙皮的质量为基准，计算橙皮油的回收质量百分率。

纯柠檬烯为橙黄色液体，沸点为 176～177℃，折射率 n_D^{20} 1.4727[8]。

【注释】

[1]　橙子皮要新鲜，剪成小碎片。可以使用食品绞碎机将鲜橙皮绞碎，之后再称重，以备水蒸气蒸馏使用。

[2]　蒸馏烧瓶的容量应保证混合物的体积不超过其 1/3，导入蒸汽的玻璃管下端应垂直地正对瓶底中央，并伸到接近瓶底。安装时要倾斜一定的角度，通常为 45℃左右。

[3]　应尽量缩短水蒸气发生器上的安全管长度，以减少水汽的冷凝，但不宜太短，其下端应接近瓶底，盛水量通常为其容量的 1/2，最多不超过 2/3，最好在水蒸气发生器中加入沸石起助沸作用。

[4]　开始蒸馏前应把 T 形管上的止水夹打开，当 T 形管的支管有水蒸气冲出时，接通冷凝水，开始通水蒸气，进行蒸馏。

[5]　为使水蒸气不致在烧瓶中冷凝过多而增加混合物的体积。在通水蒸气时，可在烧瓶下用小火加热。在蒸馏过程中，要经常检查安全管中的水位是否合适，如发现其突然升高，意味着有堵塞现象，应立即打开止水夹，移去热源，使水蒸气发生器与大气相通，避免发生事故（如倒吸），待故障排除后再行蒸馏。如发现 T 形管支管处水积聚过多，超过支管部分，也应打开止水夹，将水放掉，否则将影响水蒸气通过。

[6]　当馏出液澄清透明，不含有油珠状的有机物时，即可停止蒸馏，这时也应首先打开夹子，然后移去热源。如果随水蒸气挥发馏出的物质熔点较高，在冷凝管中易凝成固体堵塞冷凝管，可考虑改用空气冷凝管。

[7]　产品中二氯甲烷一定要除净。否则会影响产品的纯度。

[8]　可将几个人所得柠檬烯合并起来，用 95% 乙醇配成 5% 溶液进行测定，用纯柠檬烯的同样浓度的溶液进行比较。

【思考题】

1. 能用水蒸气蒸馏提纯的物质应具备什么条件？

2. 在水蒸气蒸馏过程中，出现安全管的水柱迅速上升，并从管上口喷出来等现象，这反映蒸馏体系中发生了什么故障？

3. 在停止水蒸气蒸馏时，为什么一定要先打开螺旋夹，然后再停止加热？

【参考文献】

1. 唐晓蓉. 柠檬烯提取方法的研究进展. 四川医学，2011，32(8)：1300-1301.

2. 许景秋. 从橙皮中提取柠檬烯无害化方法的研究. 大庆师范学院学报，2005，25(4)：19-20.

3. 王雅珍. 关于用水蒸气蒸馏法从橘皮中提取柠檬烯装置的改进. 克山师专学报，2004(4)：128-129.

第 7 章　设 计 性 实 验

实验 49　3,4-二氢嘧啶-2(1H)-酮

【实验目的】

掌握利用多组分反应合成 3,4-二氢嘧啶-2(1H)-酮的原理和方法。

【实验原理】

二氢嘧啶酮类化合物具有广泛的生物活性，如用作钙拮抗剂、降压剂，这类化合物的合成引起了化学工作者的极大兴趣。尽管 Biginelli 早在 1893 年就用芳香醛、乙酰乙酸乙酯和脲在盐酸催化下合成了此类化合物。但该方法存在着反应时间长（18h）、收率低（20%～50%）等缺点。因此，近年来人们努力寻找新的催化剂和探索新的合成方法。

【设计要求与提示】

1. 以苯甲醛，乙酰乙酸乙酯和脲为原料制备 3,4-二氢嘧啶-2(1H)-酮。要求制得的产品约为 1g 左右。

2. 以本实验提供的文献为基础，查阅相关文献资料，选择合适的催化剂，要求催化剂价廉易得，反应在无溶剂条件下进行。

3. 列出实验所需要的试剂和仪器。

4. 制定合理的实验方案，包括以下内容：①合适的原料配比及用量，②反应温度、催化剂用量等参数，③操作步骤及分离提纯方法，④产物的鉴定方法。

5. 列出实验中可能出现的问题及应对措施。

【参考文献】

1. Kappe C O. 100 years of the biginelli dihydropyrimidine synthesis. Tetrahedron, 1993，49(32)：6937-6963.

2. Kolosov M A, Orlov V D, Beloborodov D A, Dotsenko V V. A chemical placebo：NaCl as an effective, cheapest, non-acidic and greener catalyst for Biginelli-type 3,4-dihydro-pyrimidin-2(1H)-ones(-thiones) synthesis. Molecular Diversity，2009，13(1)：5-25.

3. Niknam K, Figol M A Z, Hossieninejad Z, Daneshvar N. 以金属硫酸氢盐为催化剂在无溶剂条件下高效合成 3,4-二氢嘧啶 2-(1H)-酮. 催化学报，2007，28(7)：591-595.

4. 于杨，刘迪，刘春生，罗根祥. 苯甲酸催化一锅合成 3,4-二氢嘧啶 2-(1H)-酮. 化学试剂，2007，29(3)，181-183.

实验 50　2,4,5-三苯基咪唑

【实验目的】

掌握利用多组分反应合成 2,4,5-三苯基咪唑的原理和方法。

【实验原理】

芳基咪唑衍生物具有除草、杀菌和消炎等生理活性。此外，芳基咪唑是制备光致变色材料的重要中间体，广泛应用于光信息存储、可变光密度滤光、图像显示、摄影模板和光控开关领域。芳基咪唑还可用作有机电催化剂。芳基咪唑通常由二苯基乙二酮、芳醛、醋酸铵和醋酸混合回流制备，耗时长（1~2h），产物不易提纯。

$$\text{Ph-CO-CO-Ph} + \text{PhCHO} + 2\text{NH}_4\text{OAc} \longrightarrow \text{2,4,5-triphenylimidazole}$$

【设计要求与提示】

1. 以苯甲醛，联苯甲酰和乙酸铵为原料制备 2,4,5-三苯基咪唑。要求制得的产品约为 1g 左右。

2. 以本实验提供的文献为基础，查阅相关文献资料，选择合适的催化剂，要求催化剂价廉易得，反应在无溶剂条件下进行。

3. 列出实验所需要的试剂和仪器。

4. 制定合理的实验方案，包括以下内容：①合适的原料配比及用量，②反应温度、催化剂用量等参数，③操作步骤及分离提纯方法，④产物的鉴定方法。

5. 列出实验中可能出现的问题及应对措施。

【参考文献】

1. White D M，Sonnenberg J. Infrared spectra of arylimidazoles and arylisoimidazoles. Journal of Organic Chemistry，1964，29(7)：1926-1930.

2. Parveen A，Ahmed M R S.，Shaikh K A，Deshmukh S P，Pawar R P. Efficient synthesis of 2,4,5-triaryl substituted imidazoles under solvent free conditions at room temperature. ARKIVOC，2007，(xvi)：12-18.

3. Karimi-Jaberi Z，Barekat M. One-pot synthesis of tri-and tetra-substituted imidazoles using sodium dihydrogen phosphate under solvent-free conditions. Chinese Chemical Letters，2010，21(10)：1183-1186.

4. 王进贤，宋宪伟. PEG-400 催化下 2，4，5-三取代咪唑衍生物的合成. 西北师范大学学报（自然科学版），2010，46(2)：78-81.

实验 51　黄酮化合物 2-苯基苯并吡喃酮的合成

【实验目的】

1. 利用 Baker-Venkataraman 重排反应合成黄酮类化合物。

2. 学习应用薄层色谱法检测产物的纯度，巩固水蒸气蒸馏、减压蒸馏、重结晶等实验操作。

【实验原理】

黄酮类化合物是一类重要的天然有机物，具有 C_6-C_3-C_6 基本骨架，广泛存在于植物中，对植物的生长发育及抗菌等有重要作用，黄酮类化合物是许多中草药的有效成分，具有抗病毒、抗肿瘤、抗炎镇痛等活性，还有降压、降血脂、提高机体免疫力等药理活性。

黄酮类化合物的经典合成方法是查尔酮路线和 β-丙二酮路线，后者是目前广泛应用的黄酮合成方法。该方法是将 2-羟基苯乙酮类化合物与芳甲酰卤在碱作用下形成酯后用碱处理，发生分子内 Claisen 酯缩合反应形成 β-丙二酮类化合物，β-丙二酮类化合物在酸催化下关环形成黄酮化合物。

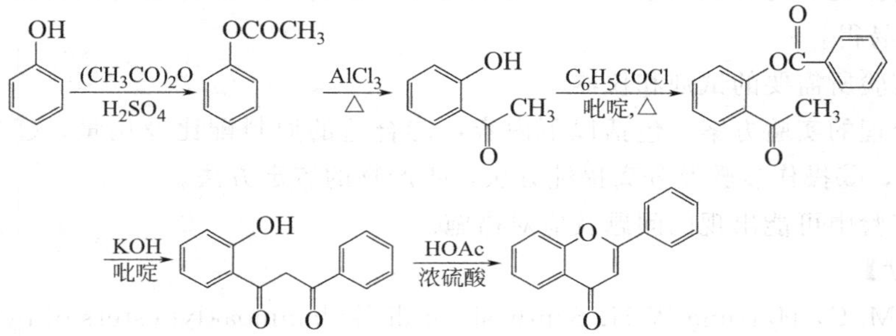

【设计要求与提示】

1. 以苯酚为原料制备 2-苯基苯并吡喃酮。要求制得的产品约为 1g 左右。

2. 以本实验提供的文献为基础，查阅相关文献资料，选择合适的合成路线。

3. 列出实验所需要的试剂和仪器。

4. 制定合理的实验方案，包括以下内容：①合适的原料配比及用量，②反应温度、催化剂用量等参数，③操作步骤及分离提纯方法，④产物的鉴定方法。

5. 列出实验中可能出现的问题及应对措施。

【参考文献】

李厚金，朱可佳，陈六平. 黄酮化合物的合成. 大学化学，2013，28(5)：47-50.

实验 52　盐酸普鲁卡因的设计合成

【实验目的】

学习从易得的原料多步合成盐酸普鲁卡因的原理和方法。

【实验原理】

盐酸普鲁卡因 [4-氨基苯甲酸-2-(二乙氨基)乙酯盐酸盐] 为白色结晶或结晶性粉末，无臭，味微苦，随后有麻痹感，熔点 154～157℃，易溶于水，略溶于乙醇，微溶于氯仿，几乎不溶于乙醚，其 0.1mol/L 水溶液 pH 为 6.0。盐酸普鲁卡因是临床广泛使用的酯类局部麻醉药，具有良好的局部麻醉作用，毒性低，无成瘾性，用于浸润麻醉、阻滞麻醉、腰麻、硬膜外麻醉和局部封闭疗法。其结构的发现是从剖析具有麻醉作用活性天然生物碱可卡因的分子结构入手，进行药物化学研究的经典案例。保留了可卡因的药效基团苯甲酸氨基醇酯结构，简化了其他基团和环状结构得到活性高、毒副作用小、结构简化、价格低廉易于合成的普鲁卡因。

【设计要求与提示】

1. 以甲苯或对硝基甲苯，环氧乙烷、乙二胺或二乙基氨基乙醇为原料制备盐酸普鲁卡因。要求制得的产品约为 1g 左右。

2. 以本实验提供的文献为基础，查阅相关文献资料，选择合适的原料及试剂，要求试剂、原料价廉易得。

3. 列出实验所需要的试剂和仪器。

4. 制定合理的实验方案，包括以下内容：①合适的原料配比及用量，②反应温度、反应时间等参数，③操作步骤及分离提纯方法，④产物的鉴定方法。

5. 列出实验中可能出现的问题及应对措施。

【参考文献】

1. hiang M. C，Hartung W H. Synthesis of dialkylaminoaklyl esters of pyridine-carboxylic acids. Journal of Organic Chemistry，1945，10(1)：26-28.

2. Rabjohn N，Mendel A. β-Diethylaminoethyl esters of the trimethoxybenzoic acids. Journal of Organic Chemistry，1956，21 (2)：218-219.

3. 胡安身，秦宝英，张金堂. 盐酸普鲁卡因国内外合成工艺概述. 医学工业，1982，13(2)：34-37.

4. 吴冬梅，霍彩霞，高乌恩，杨树平. 直接酯化法合成盐酸普鲁卡因. 内蒙古医学院学报 1997，19 (4)，53-54.

实验 53　芳香醛与芳香酮反应的化学选择性研究

【实验目的】

1. 了解并学习芳香醛与芳香酮在不同条件下反应的选择性不同，反应产物不同。

2. 把有机化学中学习的理论知识和实验结果结合起来，加深对醛、酮反应的认识。

【实验原理】

醛和酮的反应是有机化学中研究最活跃的领域之一，也是有机合成中构建 C—C 键的重要反应类型。在有机化学中学习到的醛和酮的羟醛缩合反应和 Michael 加成反应等都被大量运用于药物和天然产物的合成。研究发现，醛和酮反应的化学选择性与反应底物和反应条件密切相关。一般条件下，醛和酮会发生羟醛缩合反应生成 β-羟基酮，或发生克莱森-施密特缩合反应生成 α,β-不饱和酮，但在不同条件下，醛和酮反应也会生成线性 1,5-二酮、考斯基三酮或环己醇衍生物，如下图所示：

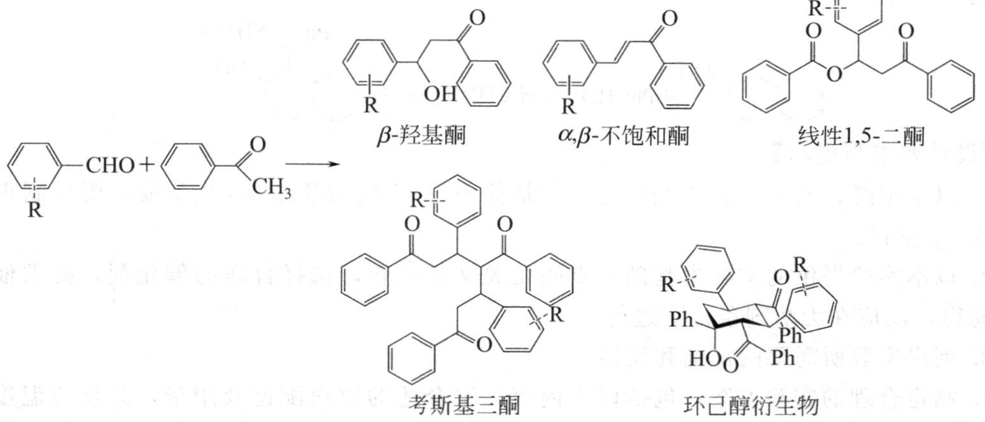

β-羟基酮　　　α,β-不饱和酮　　　线性1,5-二酮

考斯基三酮　　　环己醇衍生物

【设计要求与提示】

1. 以苯甲醛、苯乙酮为原料制备 α,β-不饱和酮和环己醇衍生物，要求制得的产品各约为 1.0g 左右。

2. 以本实验提供的文献为基础，查阅相关文献资料，选择合适的催化剂，要求催化剂价廉易得，反应在无溶剂条件下进行。

3. 列出实验所需要的试剂和仪器。

4. 制定合理的实验方案，包括以下内容：①合适的原料配比及用量，②催化剂用量、反应时间等参数，③操作步骤及分离提纯方法，④产物的鉴定方法。

5. 列出实验中可能出现的问题及应对措施。

【参考文献】

1. Shan Z X, Luo X X, Hu L, Hu X Y. New observation on a class of old reaction chemoselectivity for the solvent-free reaction of aromatic aldehydes with alkylketones catalyzed by a double-component inorganic base system. Sci China Chem，2010，53(5)：1095-1101.

2. Shan Z X，Hu X，Hu L，Peng X. First authentication of kostanecki's triketone and multimolecular reaction of aromatic aldehydes with acetophenone. Helv Chim Acta，2009，92(6)：1102-1111.

3. Luo X X, Shan Z X. Highly chemoselective synthesis of 1,2,3,4,5-pentasubstituted cyclohexanols under solvent-free condition. Tetrahedron Lett，2006，47(32)：5623-5627.

4. 胡晓允，周忠强，单自兴. 苯亚甲基苯乙酮合成方法的改进. 广州化工，2013，41(3)：50-51.

实验 54　1-(α-乙酰胺基苄基)-2-萘酚

【实验目的】

掌握利用多组分反应合成 1-(α-乙酰胺基苄基)-2-萘酚的原理和方法。

【实验原理】

酰胺基烷基萘酚是重要的有机合成中间体，通过酰胺基的水解反应，可转化为具有重要生理活性的氨基烷基-2-萘酚。酰胺基烷基萘酚衍生物可以由 2-萘酚、醛和酰胺进行缩合反应得到。

【设计要求与提示】

1. 以苯甲醛、乙酰胺和 2-萘酚为原料制备 1-(α-乙酰胺基苄基)-2-萘酚，要求制得的产品约为 1g 左右。

2. 以本实验提供的文献为基础，查阅相关文献资料，选择合适的催化剂，要求催化剂价廉易得，反应在无溶剂条件下进行。

3. 列出实验所需要的试剂和仪器。

4. 制定合理的实验方案，包括以下内容：①合适的原料配比及用量，②反应温度、催化剂用量等参数，③操作步骤及分离提纯方法，④产物的鉴定方法。

5. 列出实验中可能出现的问题及应对措施。

【参考文献】

1. Wang M，Song Z，Liang Y. One-pot synthesis of 1-amidoalkyl-2-naphthols from 2-naphthol，aldehydes，and amides under solvent-free conditions. Organic Preparations and Procedures International，2011，43(5)：484-488.

2. Khodaei M M，Khosropour A R，Moghanian H. A simple and efficient procedure for the synthesis of amidoalkyl naphthols by p-TSA in solution or under solvent-free conditions. Synlett，2006，(6)：916-920.

3. Das B，Laxminarayana K，Ravikanth B，Rao B R. Iodine catalyzed preparation of amidoalkyl naphthols in solution and under solvent-free conditions. Journal of Molecular Catalysis A：Chemical，2007，261(2)：180-183.

4. Shaterian H R，Yarahmadi H，Ghashang M，Mehmandosti M S. N-Bromosuccinimide catalyzed one-pot and rapid synthesis of acetamidobenzyl naphthols under mild and solvent-free conditions. Chinese Journal of Chemistry，2008，26(11)，2093-2097.

5. Patil S B，Singh P R，Surpur M P，Samant S D. Ultrasound-promoted synthesis of 1-amidoalkyl-2-naphthols via a three-component condensation of 2-naphthol，ureas/amides，and aldehydes，catalyzed by sulfamic acid under ambient conditions. Ultrasonics Sonochemistry，2007，14(5)：515-518.

实验 55　14-苯基-14H-二苯并[a,j]氧杂蒽

【实验目的】

掌握利用多组分反应合成 14-苯基-14H-二苯并[a,j]氧杂蒽的原理和方法。

【实验原理】

苯并氧杂蒽具有广泛的生理活性和药理活性，作为医药中间体，可制成氯喹增效剂。此外，它们也广泛应用于激光技术和荧光材料中。β-萘酚与脂肪醛或芳香醛的缩合是合成氧杂

蒽的常用方法。

【设计要求与提示】

1. 以苯甲醛、2-萘酚为原料制备 14-苯基-14H-二苯并[*a*,*j*]氧杂蒽，要求制得的产品约为 1g 左右。

2. 以本实验提供的文献为基础，查阅相关文献资料，选择合适的催化剂，要求催化剂价廉易得，反应在无溶剂条件下进行或使用水作为反应溶剂。

3. 列出实验所需要的试剂和仪器。

4. 制定合理的实验方案，包括以下内容：①合适的原料配比及用量，②反应温度、催化剂用量等参数，③操作步骤及分离提纯方法，④产物的鉴定方法。

5. 列出实验中可能出现的问题及应对措施。

【参考文献】

1. 刘迪，于杨，张少华，刘春生，罗根祥. 硫酸氢钠催化合成 14-烷基（芳基）-14H-二苯并 [*a*,*j*] 氧杂蒽类化合物. 合成化学，2007，15（4）：516-518.

2. Pasha M A，Jayashankara V P. Molecular iodine catalyzed synthesis of aryl-14H-dibenzo [*a*,*j*] xanthenes under solvent-free condition. Bioorganic & Medicinal Chemistry Letters，2007，17(3)：621-623.

3. Rajitha B，Kumar B S，Reddy Y T，Reddy P N，Sreenivasulu N. Sulfamic acid：a novel and efficient catalyst for the synthesis of aryl-14H-dibenzo [*a*,*j*] xanthenes under conventional heating and microwave irradiation. Tetrahedron Letters，2005，46（50）：8691-8693.

4. Dabiri M，Baghbanzadeh M，Nikcheh M S，Arzroomchilar E. Eco-friendly and efficient one-pot synthesis of alkyl-or aryl-14H-dibenzo [*a*,*j*] xanthenes in water. Bioorganic & Medicinal Chemistry Letters，2008，18(1)：436-438.

5. Habibzadeh S，Ghasemnejad H，Faraji M. N-Bromosuccinimide（NBS）：a novel and efficient catalyst for the synthesis of 14-aryl-14H-dibenzo [*a*,*j*] xanthenes under solvent-free conditions. Helvetica Chimica Acta，2011，94(3)：429-432.

附录 1　常用元素的相对原子质量

元素名称	元素符号	相对原子质量	元素名称	元素符号	相对原子质量
银	Ag	107.868	锂	Li	6.941
铝	Al	26.9815	镁	Mg	24.305
硼	B	10.811	锰	Mn	54.938
钡	Ba	137.33	钼	Mo	95.94
溴	Br	79.904	氮	N	14.0067
碳	C	12.011	钠	Na	22.9898
钙	Ca	40.078	镍	Ni	58.69
氯	Cl	35.453	氧	O	15.9994
铬	Cr	51.996	磷	P	30.9738
铜	Cu	63.546	铅	Pb	207.2
氟	F	18.9984	钯	Pd	106.42
铁	Fe	55.847	铂	Pt	195.08
氢	H	1.0079	硫	S	32.066
汞	Hg	200.59	硅	Si	28.0855
碘	I	126.9045	锡	Sn	118.71
钾	K	39.0983	锌	Zn	65.39

附录 2　常用有机溶剂沸点、相对密度表

名称	沸点/℃	相对密度 d_4^{20}	名称	沸点/℃	相对密度 d_4^{20}
甲醇	64.96	0.7914	甲苯	110.6	0.8669
乙醇	78.5	0.7893	邻二甲苯	144.4	0.8802
正丁醇	117.25	0.8098	间二甲苯	139.1	0.8642
乙醚	34.51	0.7138	对二甲苯	138.4	0.8611
丙酮	56.2	0.7899	硝基苯	210.8	1.2037
乙酸	117.9	1.0492	氯苯	132.0	1.1058
乙酐	139.55	1.0820	氯仿	61.70	1.4832
乙酸乙酯	77.06	0.9003	四氯化碳	76.54	1.5940
乙酸甲酯	57.00	0.9330	二硫化碳	46.25	1.2632
丙酸甲酯	79.85	0.9150	乙腈	81.60	0.7854
丙酸乙酯	99.10	0.8917	二甲亚砜	189.0	1.1014
二氧六环	101.1	1.0337	二氯甲烷	40.00	1.3266
苯	80.10	0.8787	1,2-二氯乙烷	83.47	1.2351

附录 3　有机化学实验报告模板

姓名：_____ 年级专业：_____ 班级：_____ 学号：_____

实验名称：_____

实验日期：_____年_____月_____日　指导教师：_____实验成绩：_____

一、实验目的

二、实验原理

三、主要试剂及用量

四、实验步骤及现象

实验步骤	实验现象

五、实验装置图

六、产量及产率计算

七、讨论

八、思考题

教师：　　　　　　　　　　　　　　　　　　　　　　　年　　月　　日

附录 4　有机化学实验常用玻璃仪器清单

名称	规格	数量	名称	规格	数量
圆底烧瓶	50mL	1	梨形分液漏斗	100mL	1
	100mL	1	三角漏斗（短）	F60mm	1
锥形瓶	50mL	1	刻度试管	10mL	1
	100mL	1	表面皿	F100mm	1
量筒	10mL	1	水银温度计	300℃	1
	100mL	1	温度计套管		1
烧杯	100mL	1	蒸馏头		1
	250mL	1	蒸馏弯头		1
	500mL	1	尾接管		1
三口烧瓶	100mL	1	真空尾接管		1
直形冷凝管	200mm	1	玻璃钉		1
球形冷凝管	200mm	1	空心塞		3
空气冷凝管	200mm	1	恒压滴液漏斗	100mL	1
刺形分馏柱	200mm	1	水分离器		1
抽滤瓶	250mL	1	导气管		1
布氏漏斗	F80mm	1	干燥管（套）		1

参 考 文 献

[1] 北京大学化学系有机化学教研室. 有机化学实验. 北京：北京大学出版社，1990.

[2] 兰州大学化学与化工学院有机化学教研室，复旦大学化学系有机化学教研室. 有机化学实验. 第 2 版. 北京：高等教育出版社，1994.

[3] 曾昭琼. 有机化学实验. 第 3 版. 北京：高等教育出版社，2000.

[4] 武汉大学化学与分子科学学院实验中心. 有机化学实验. 武汉：武汉大学出版社，2003.

[5] 李霁良. 微型半微型有机化学实验. 北京：高等教育出版社，2003.

[6] 李明，李国强，杨丰科. 基础有机化学实验. 北京：化学工业出版社，2004.

[7] 刘湘，刘士荣. 有机化学实验. 北京：化学工业出版社，2007.

[8] 李莉. 有机化学实验. 北京：石油工业出版社，2008.

[9] 郭书好. 有机化学实验. 武汉：华中科技大学出版社，2008.

[10] 曹健，郭玲香. 有机化学实验. 第 2 版. 南京：南京大学出版社，2013.

[11] 吉卯祉，黄家卫，胡冬华等. 有机化学实验. 第 3 版. 北京：科学出版社，2013.